配电网线损治理
应知应会

内蒙古电力（集团）有限责任公司
鄂尔多斯供电分公司 组编

中国电力出版社
CHINA ELECTRIC POWER PRESS

内容提要

本书基于配电网线损异常产生的主要因素和有效的治理措施，提出构建配电网线损异常趋势预测模型的方法和思路，阐明了以数据融合推动业务协同，实现配电网线损异常的前瞻预防，促进配电网线损治理从经验治理向数智赋能，从被动响应向主动治理转变的新模式，提升供电企业营销业务人员精益化管理理念，推动配电网线损向精益化、数字化管理方向转变。

本书可作为指导电力企业营销管理、营销稽查、线损管理相关人员的培训、学习资料。

图书在版编目（CIP）数据

配电网线损治理应知应会 / 内蒙古电力（集团）有限责任公司鄂尔多斯供电分公司组编. —北京：中国电力出版社，2024.3

ISBN 978-7-5198-8697-4

Ⅰ.①配… Ⅱ.①内… Ⅲ.①配电系统—线损计算 Ⅳ.① TM744

中国国家版本馆 CIP 数据核字（2024）第 040239 号

出版发行：中国电力出版社
地　　址：北京市东城区北京站西街 19 号（邮政编码 100005）
网　　址：http：//www.cepp.sgcc.com.cn
责任编辑：肖　敏　（010-63412363）
责任校对：黄　蓓　马　宁
装帧设计：王红柳
责任印制：石　雷

印　　刷：北京雁林吉兆印刷有限公司
版　　次：2024 年 3 月第一版
印　　次：2024 年 3 月北京第一次印刷
开　　本：787 毫米 ×1092 毫米　16 开本
印　　张：4
字　　数：66 千字
印　　数：0001—2000 册
定　　价：43.00 元

《配电网线损治理应知应会》

编委会

前　言

配电网线损数字化治理，就是将配电网线损治理的方法和理念付诸管理实践，最大限度地提高工作效率和降低管理成本。以“技术线损最优、管理线损最小”为目标，以深化线损“四分”管理为基础，以营配信息集成平台、计量自动化系统等为支撑，采取技术降损、管理降损、规划降损和运行降损等措施最大限度提质增效。

在数据时代背景下，配电网线损精益化管理对异常数据的分析和处理提出了更高的要求，为实现对配电网线损异常现象的有效防控，强化配电网线损异常数据分析能力、优化预警流程和规则，提升配电网线损管控质量。坚持从“软件”和“硬件”两方面入手，专注配电网线损异常数据分析和新技术、新设备的研究应用。

本书编制坚持问题和目标导向，以夯实基础、规范管理为目的，改善传统配电网线损治理被动响应、流程漫长、效率低下等不足，促进配电网线损治理的数据融合和业务协同，形成配电网线损治理的新模式。本书可作为指导电力企业营销管理、营销稽查、线损管理相关人员的培训、学习资料。

编著过程中得到了内蒙古电力（集团）有限责任公司营销服务部及营销服务公司多位专家学者及编写人员的大力支持与指导，在此表示衷心的感谢。

由于时间紧迫，书中难免有疏漏和不足之处，恳请广大读者谅解并批评指正。

编　者

2023 年 11 月

目录

CONTENTS

第四章　谐波对电能计量及配电网线损的影响

第一章
配电网线损数字化治理概述

配电网线损数字化治理是线损管理中的重要手段和措施，建立一套完善的配电网线损数字化治理流程和方法，能够有效提高日常线损治理的质量和效率。本书根据近年来在配电网线损治理过程中的典型案例和实践经验进行总结提炼，可作为探索大数据分析、数字化管理配电网线损治理可复制、可推广的实用化作业指导书。

本章将简述配电网线损数字化治理的背景、必要性、发展趋势及目标等内容，使广大电力营销工作者能够更好、更深入地了解配电网线损数字化治理的背景和要义。

第一节　配电网线损数字化治理背景

随着电力市场化改革的不断深入，电力监管日趋严格，电力企业的利润空间逐渐压缩，亟须加强配电网线损全业务、全流程、全环节监督管控，向精益化管理要效益，助力企业提质增效、稳健经营。随着电力营销业务迭代升级，传统的配电网线损治理模式和“人海战术”已难以满足线损管理的需要，亟须利用数字赋能，构建“防、控、治”一体化的配电网线损数字化管理新模式，精准实施配电网线损风险识别和防控，全面提升配电网线损管理质效，如图 1-1 所示。

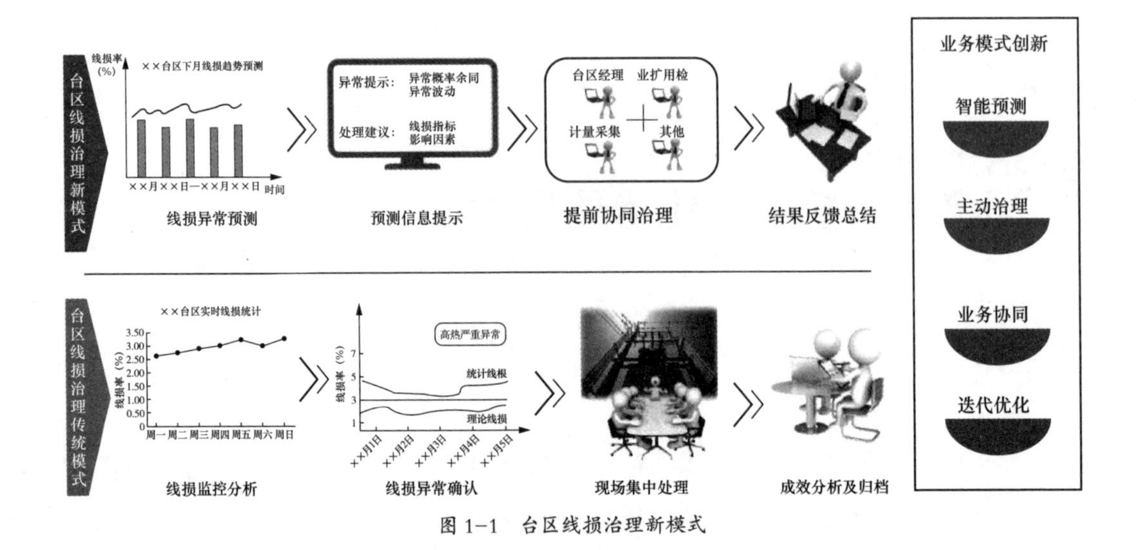

图 1-1　台区线损治理新模式

第二节　配电网线损数字化治理的必要性

大数据时代背景下，配电网线损管理应更加精益化、更加智能化，这就要求配电网线损管理工作必须要达到更精细、更规范的管控标准，传统的配电网线损管理模式，它的时效性、精准性已不能满足当前的工作需要，为此，电网企业应以国家法律法规为支撑，再配套完善的配电网线损相关标准、制度和流程，充分应用营销信息化成果和大数据分析技术，强化数据挖掘应用，创新排查治理手段，更新配电网线损分析主题，拓展治理防控深度和广度，全面提升配电网线损风险防控能力，推动电网企业经营效益和服务品质持续提升。

第三节　配电网线损数字化治理的发展趋势

配电网线损治理涉及计量管理、计量采集、抄表质量、设备改造等多个领域，具有流程复杂烦琐、业务量大、涉及面广、作业分散、专业性强、时效性要求高等诸多特点。近年来，新兴业务的崛起、客户服务需求的多样化和电力监督日趋严格等多种因素，给配电网线损治理工作带来了新要求，提出了新挑战，指明了新方向。今后，配电网线损治理工作必须坚持数据驱动的技术路径，融合现行的各类电力营销信息系统资源优势，建立数据业务中台，突出利用其数据深度挖掘、横向集成、综合分析，确保配电网线损治理智能化、自动化、精准化水平全面提升。必须坚持防治结合的工作原则，深化“日监控、周循环、月推进”成果应用，推动事后治理向事前预警、事中管控、事后整改转变，确保从源头防范重大差错事件的发生，最终实现配电网线损传统治理向数字化治理转变、被动治理向协同治理转变、周期治理向实时治理转变，切实构建一套健全完善的“防、控、治”一体化的配电网线损数字化治理新模型，如图 1–2 所示。

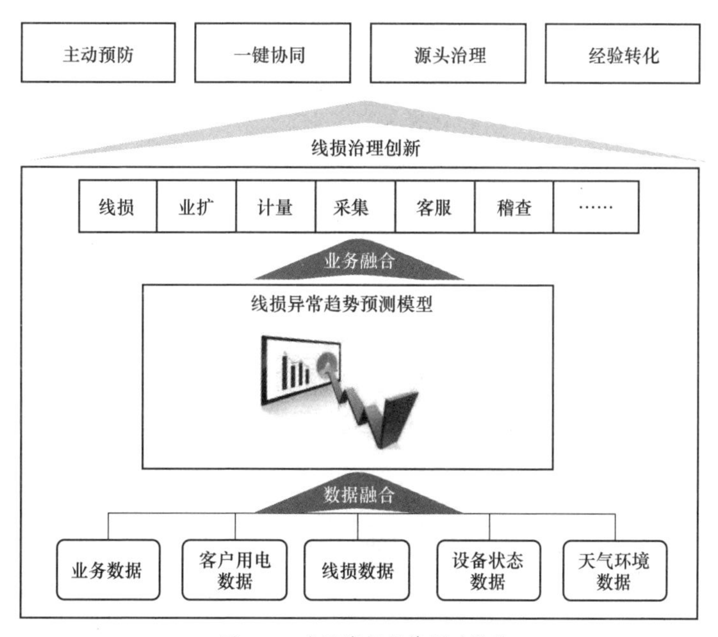

图 1–2　台区线损趋势预测模型

第四节　配电网线损数字化治理的目标

建立配电网线损数字化治理体系。坚持以防为主、控为辅、防控结合，落实数字化治理责任、细化数字化治理内容，构建数字化“嵌入式校验、过程化预警、结果性治理”三道防线，强化“事前、事中、事后”全过程管控，确保配电网线损数字化治理成效显著提升。

健全配电网线损数字化治理工作机制。完善分级预警、闭环管控、质量评价等工作机制。配电网线损数字化治理由业务驱动向数据驱动转变，由事后治理向事前预警和事中管控转变，有效提升配电网线损治理工作成效。基于营配系统平台的拓扑关系，结合电能计量技术的革新，对电量异常数据进行准确分析，精准锁定异常范围，从而实现以系统监测为基础、以综合治理为手段的配电网线损异常管控目标。

第二章 配电网线损异常主要因素及治理方法

坚持以问题和目标导向，以夯实基础、规范管理为主线，汲取近年来内外部检查、审计、巡查暴露出的普发性、典型性问题案例，围绕计量管理、抄表质量、计量采集、新兴业务、谐波治理、违章用电和窃电等核心因素进行总结提炼，建立配电网线损异常“预警—治理—优化”的工作机制，将配电网线损的不确定因素逐渐内化为数据分析因子，形成配电网线损可观、可测、可控的量化分析模型。

本章选取近年来在配电网线损治理中典型案例和应用场景，从法律依据、仪器设备、异常因素、现场核查方法等方面进行总结提炼，为广大电力营销工作者提供一些具体、实用、可操作性强的数字化治理方法。

第一节 配电网线损数字化治理法律依据

本书引用的法律、法规、办法等文献资料，是配电网线损数字化治理中必不可少的，其最新版本（包括所有的修改单）适用于本书。

《中华人民共和国电力法》

《中华人民共和国计量法》

《电力供应与使用条例》

《供电营业规则》

《中华人民共和国计量法实施细则》

GB/T 14549—1993《电能质量 公用电网谐波》

GB/T 18481—2001《电能质量 暂时过电压和瞬态过电压》

GB/T 24337—2009《电能质量 公用电网间谐波》

DL/T 448—2016《电能计量装置技术管理规程》

第二节　配电网线损治理常用仪器设备

“工欲善其事，必先利其器”，配电网线损综合治理需不断更新完善治理措施，不断提升异常数据分析和预警能力，不断研究和应用新技术、新设备进行现场检测，有的放矢地开展配电网线损异常的现场核查工作，使配电网线损异常治理手段和治理效率稳步提升。

一、数字万用表

数字万用表用于测量直流和交流电压、直流和交流电流、电阻、电容、频率等（是用电检查和配电网线损治理必备工具之一），如图 2-1 所示。

二、钳形电流表

钳形电流表别名钳表、卡表，用于测量 500V 以下工频交流网络中交流电流的便携式仪表（是用电检查和配电网线损治理必备工具之一），如图 2-2 所示。

图 2-1　数字万用表实物图

图 2-2　钳形电流表实物图

三、智能用电检查笔

智能用电检查笔可通过 RS-485 和红外两种方式读取电能表的表号、电流、电压、有功功率、无功功率、开盖事件和失压事件，并对抄表数据进行接线判别和中性线 / 相线异常分析，如图 2-3 所示。

四、用电检查综合测试仪

用电检查综合测试仪具备高精度的 ADC（模数转换器）和 DSP（数字信号处理器）技术，能够在多个通道上同时监测和记录电力参数并显示相关波形和趋势图，提供精确的电参测量结果；可通过 RS-485 和红外两种方式读取电能表的表号、电流、电压、有功功率、无功功率；可测试 51 次谐波并显示柱状图，可通过钳形电流表配合实现计量装置电流互感器（TA）的测试校验；支持主副表同时误差校验。其实物图如图 2-4 所示。

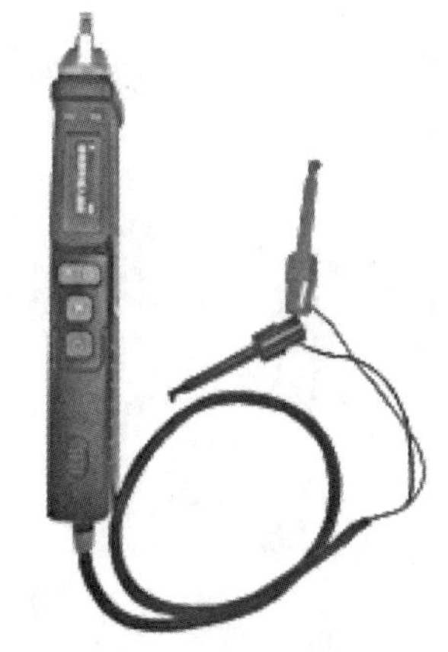

图 2-3　智能用电检查笔实物图

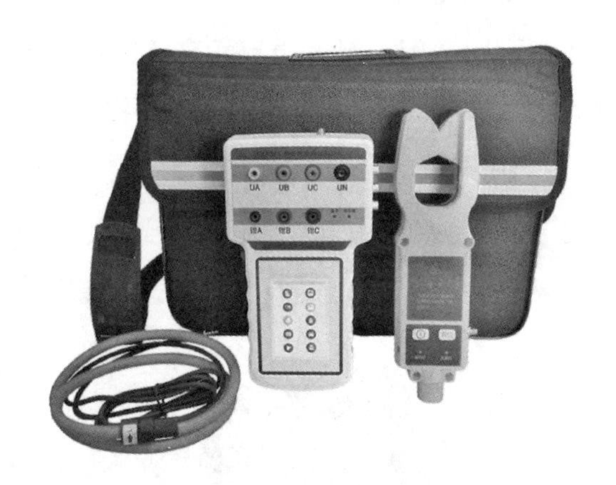

图 2-4　用电检查综合测试仪实物图

五、电能计量现场校验仪

电能计量现场校验仪是一款专门用于检验电能计量装置精度的高性能设备。内置 0.05 级电流、电压、有功功率、无功功率等关键数据，可多参数测量和校验电流、电压、频率、相位、有功功率、无功功率等电能量数据；可将校验结果和相关数据存储在内部存储器或外部存储设备中，以便后续查阅和分析；具备对电能计量装置的接线判别以及中性线 / 相线异常分析功能，可有效识别和排除电能计量装置接线错误。其实物图如图 2-5 所示。

六、低压台区识别仪

低压台区识别仪采用低频过零通信技术与脉冲电流检测技术，在相邻变压器台区（高压、电缆沟）共用的情况下准确地进行台区识别、相位识别、分支识别；可判断某客户所属用电分支（开关），以及某客户所属台区的相别，直观显示；同时具备线路压降显示功能。其实物图如图 2-6 所示。

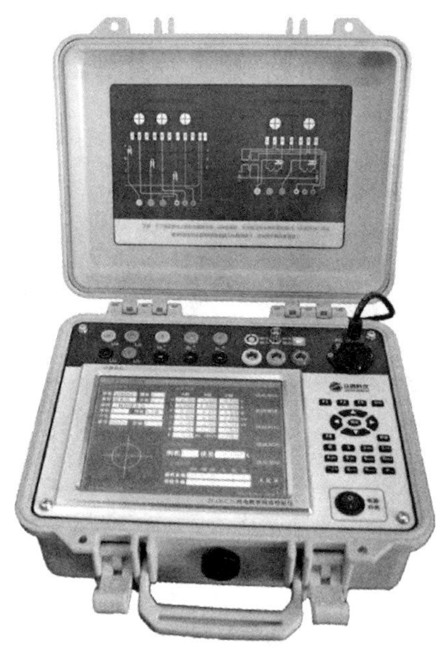
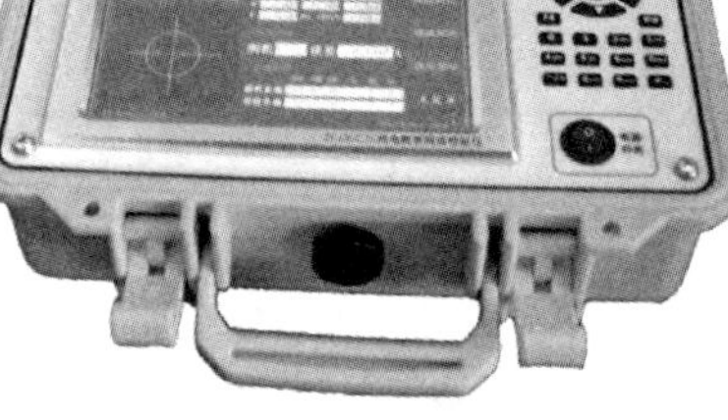

图 2-5 电能计量现场校验仪实物图

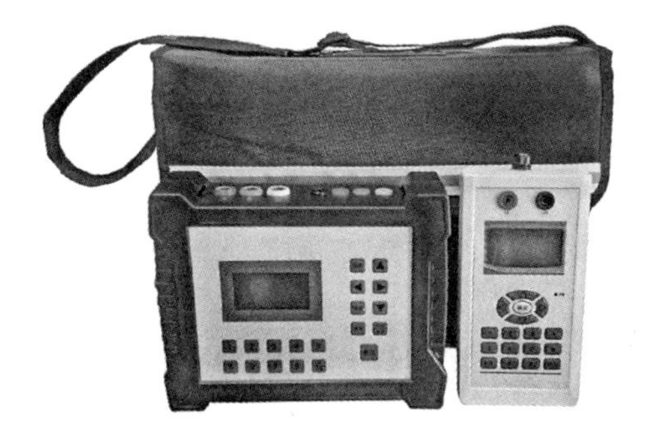

图 2-6 低压台区识别仪实物图

七、低压台区线损诊断仪

低压台区线损诊断仪通过读取客户电能表数据作为信息的来源和基础，分析客户当前用电及负荷情况是否正常，为查找异常用电客户提供数据支撑，为判断集中抄表通信是否可靠提供依据；可采集表底、电压、电流、功率、相角、停复电记录、开盖记录等数据，可根据实际使用功能选择抄读参数；支持移动通信速率达 100Mbit/s 以上的 4G 无线模块，支持各种载波、集中器 RS-485、集中器 RS-323 串口等抄表方案。其实物图如图 2-7 所示。

八、台区线损分段分相监测仪

台区线损分段分相监测仪通过分节分段的接入方式实现低压线路运行状态的监测以及线路故障状态的提示功能；支持台区分级、分相线损监测，支持分支线路监测；支持大用户或重点用户监测；可多级分机和主机汇集单元自动关联使用，无须人工干预；节省人力和物力；支持多种倍率开合式电流互感器，可根据现场负荷情况选用。其实物图如图 2-8 所示。

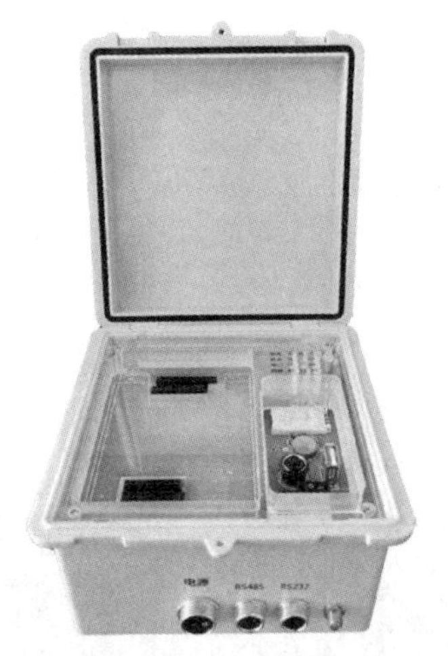
图 2-7 低压台区线损诊断仪实物图

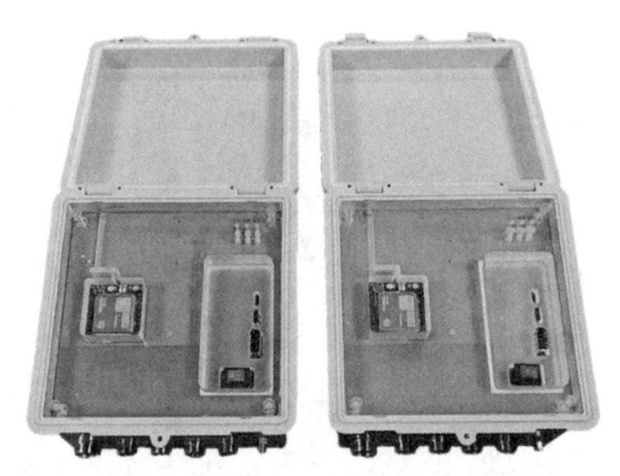
图 2-8 台区线损分段分相监测仪实物图

第三节　配电网线损（台区）异常的主要因素

配电网线损（台区）异常的主要因素包括采集信息异常、电能计量装置异常、台户匹配关系异常、违约用电、窃电、三相负荷不平衡等管理因素和技术因素。基于日常配电网线损治理经验，分析客户用电负荷、设备运行状况、天气环境等因素，推进配电网线损异常事前预警、事中管控、事后消缺，切实降低业务差错，全面提升配电网线损异常管控能力，推动电网企业经营效益和服务品质持续提升。配电网线损治理思维导图如图 2-9 所示。配电网线损异常因素分析见表 2-1。

表 2-1　　配电网线损异常因素分析表

线损异常因素	主要问题	主要原因
违约用电	用户窃电	违规窃电
	超负荷用电	临时用电、私自扩容等
	……	……
技术因素	三相负荷不平衡	三相负荷分配不均，电流不平衡等
	台区功率因数低	无功补偿不足、设备老旧等
	台区设施老旧	绝缘子破坏、阴雨天气设备漏电、架空裸导线与树木近放电等
	……	……

续表

线损异常因素	主要问题	主要原因
档案因素	流程归档未同步	档案变更后未及时录入、采集系统未归档；档案归档后设备未投运等
	台区总表电流互感器档案倍率与现场不一致	营配系统同步不及时，现场业务变更后业务人员数据录入不及时或不准确等
	台户关系不一致	现场变更与系统变更不同步，档案数据与实际数不符，GIS 采集挂接表箱错误等
	……	……
采集因素	采集信号异常	通信 SIM 卡、天线等故障、天气影响、信号干扰、软件升级问题等
	集中器参数设置错误	调试人员下发错误、内部程序紊乱等
	台区跨零点停电，电表不能冻结日示数	供电设施故障、检修停电时间与冻结抄表时间重合等
	……	……
计量因素	电流互感器二次回路进出线接反	装表人员业务不熟悉等
	电能表故障	装表人员业务不熟悉、验收把关不严等
	互感器倍率过大	互感器配置不正确、季节性用电、小电量轻载台区等
	分布式电源计量错误（上网与自用接反）	装表接电员业务技能不足，未按接线规范要求接线等
	……	……

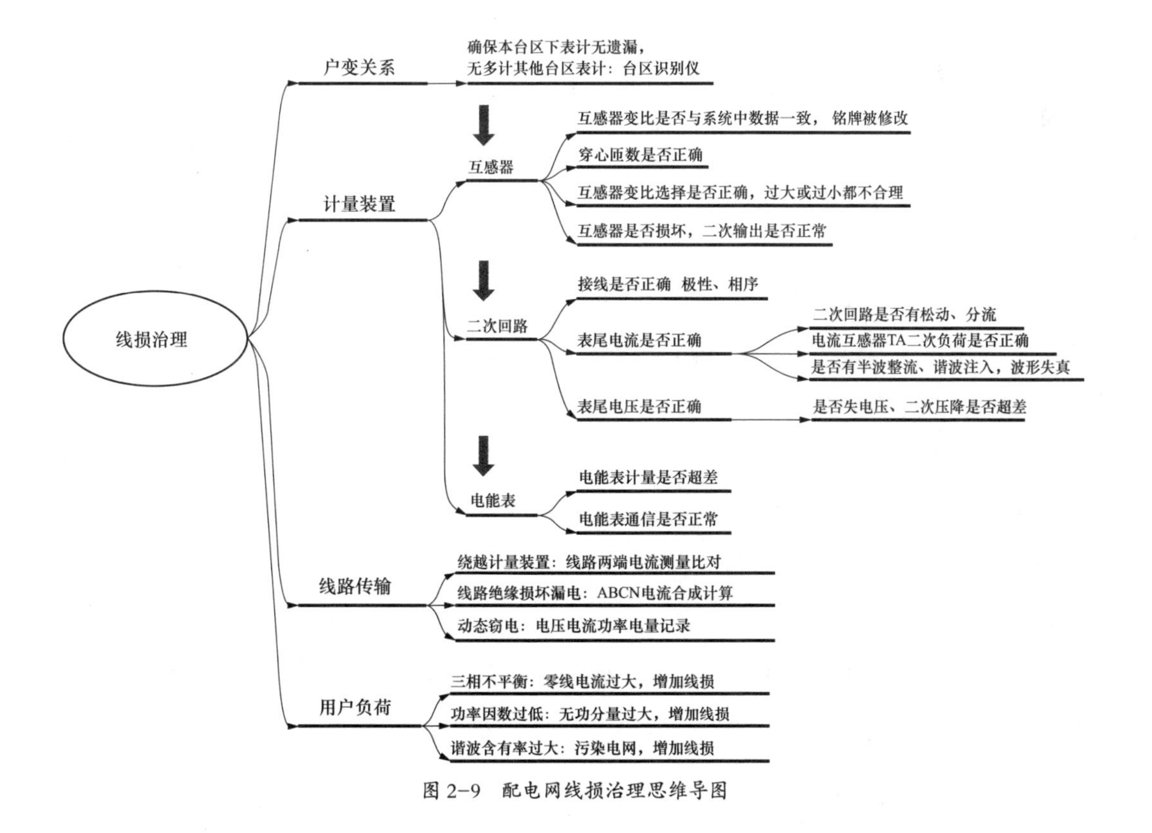

图 2-9 配电网线损治理思维导图

第四节　配电网线损（台区）异常分析及治理方法

配电网线损治理手段随着供用电环境、技术革新而不断更新完善，广大营销工作人员需要不断提高业务技能和业务素质，总结配电网线损治理典型案例和经验，及时更新和调整配电网线损治理方案，切实做好配电网线损精益化、规范化管理。

一、台区技术线损

台区技术线损主要表现为台区供电超半径（500m 及以上）、配电变压器未设置在负荷中心、低压线路线径过小、台区考核表功率因数低于 0.9、三相负荷不平衡、台区变压器长期在轻载或过载状态下运行、线路电压（尤其是末端线路电压）过低、低压配电网漏电等。

（一）术语与定义

1. 线损

电力网电能损耗（简称线损）是指电能从发电厂传输到电力客户一系列过程中，在输电、变电、配电和营销各环节中产生的电能损耗和损失。

2. 线损率

线损率是一个动态指标，其大小取决于电网结构、技术状况、运行方式和潮流分布、电压水平和功率因数等多种因素。它不仅反映电网企业的运行管理水平，还受电网规划设计以及电网建设的制约。

3. 技术线损

技术线损又称理论线损，是电网各元件电能损耗的总称，主要包括不变损耗和可变损耗。技术线损可通过理论计算来预测，在现实生产中是不可避免的，可以采取技术措施达到降低的目的。

4. 管理线损

管理线损主要包括计量装置误差引起的线损，以及管理不到位和失误等造成的电能损耗。管理线损可以通过规范业务、提升管理等手段降低。

5. 调整抄表路线

调整抄表路线是指变更客户台区、例日、抄表本或者台区、抄表本和例日同时变更的业务，包括同营业站、同分公司、跨营业站、跨分公司调整。

6. 三相电流不平衡率

配电变压器的三相不平衡率 =（最大电流 – 最小电流）/ 最大电流 ×100%。各种绕组接线方式变压器的中性线电流限制水平应符合 DL/T 572—2021《电力变压器运行规程》的相关规定。配电变压器的不平衡度应符合：Yyn0 接线不大于 15%，中性线电流不大于变压器额定电流的 25%；Dyn11 接线不大于 25%，中性线电流不大于变压器额定电流的 40%。

（二）核查方法及治理措施

（1）使用钳形电流表或用电检查综合测试仪现场检测相线与中性线电流，判断配电变压器三相是否平衡。

（2）排查台区总剩余电流动作保护器是否退出运行或未配置。

（3）使用钳形电流表测量台区进线（或出线）电缆（或变压器中性点接地体）的电流，若有电流则说明存在漏电现象，需及时进行漏电故障排查。

（4）调整台区三相负荷使其平衡分布，提高配电设备安全、经济运行水平，降低技术线损。

（5）对线路供电半径过长、线路线径过小、末端电压过低等配电线路，及时进行升级改造，降低技术线损。

二、高损台区

高损台区主要表现为连续两个月及以上台区线损率大于或等于 10% 的异常台区，引起高损的主要原因有系统档案错误、电能计量装置故障、采集数据异常、窃电等管理因素以及其他技术因素。

（一）术语与定义

1. 高损台区

在某一统计期内台区同期线损率超过管理单位设定指标要求的异常台区。

2. 公用台区

产权属于供电公司（或移交供电公司管理）且系公用性质的配电线路接带的供电台区。

（二）核查方法及治理措施

（1）排查档案信息正确性。是否存在营销系统客户与采集系统客户档案不对应，线损模型中计量方式是否正确。

（2）排查采集因素。是否存在长期未排查采集电能表，采集设备参数设置是否正确。

（3）排查系统台区考核计量装置倍率配置是否正确，台区客户计量装置是否存在失压、失流、接线错误等问题。

（4）排查电能计量装置运行状态是否正常，台区考核计量装置倍率与系统是否一致，是否存在电能计量接线错误、故障，是否存在窃电等。

（5）排查是否存在技术因素影响。供电设施是否存在漏电，是否存在三相负荷不平衡、功率因数过低、低电压、过载、“大马拉小车”等问题。

三、小负线损台区

小负损台区主要表现为接带一至两户纯农业排灌或纯光伏发电全额上网，台区考核计量装置、考核售电量计量装置、光伏发电计量装置在物理上处于同一点位（计量点），理论线损计算应为无损台区，但实际运行中却常常出现小负损现象，且长期稳定或间断波动。

（一）术语与定义

负损台区是指在某一统计期内台区同期线损率低于 0 的异常台区。

（二）核查方法及治理措施

（1）排查系统档案信息的准确性。是否存在户变关系不一致，采集系统是否存在垃圾信息，光伏发电客户档案是否正确，线损模型中计量方式是否正确。

（2）排查采集因素。电能表时钟是否正确，台区考核表与计费电能表表码采集时间是否同期。

（3）排查台区考核计量装置倍率是否正确，是否存在失电压、失电流等问题，接线是否正确。

（4）应用电能计量现场校验仪、用电检查综合测试仪等设备现场校验计量装置配置，确认台区考核计量装置和用户售电计量装置、光伏发电计量装置配置的电能表、电流互感器实际配置情况，区分电流互感器是否共用一组，现场校验时应区别对待。

（5）应用电能计量现场校验仪、用电检查综合测试仪等设备现场校验纯光伏全额上网台区考核计量装置误差，针对纯光伏全额上网公用变压器台区共用一组电流互感器的情况，现场只需校验电能表本体实负误差，一般表现为台区考核表误差 R（考核表）大于发电表误差 R（发电表）。台区考核表和发电表分别配置电流互感器时，还需要考虑两组互感器误差匹配，线损分析时需考虑这部分误差影响。

（6）应用电能计量现场校验仪、用电检查综合测试仪等设备现场校验农业排灌台区考核计量装置误差，针对农业排灌公变台区共用一组电流互感器的情况，现场只需校验电能表本体实负误差，一般表现为台区考核表误差 R（考核表）大于用电表误差 R（用电表）。台区考核表和发电表分别配置电流互感器时，还需要考虑两组互感器误差匹配，线损分析时需考虑这部分误差影响。

（7）现场校验的计量装置误差，结合台区供入、供出日、月电量计算，如果台区的线损率为小正损值，则验证台区小负损是由电能表、互感器实际运行误差匹配造成。

四、台户匹配关系

台户关系也称户变关系，是指台区供电客户与台区配电变压器的隶属关系，一个客户内任一个计量点应对应唯一配电变压器，多电源客户除外。

（一）术语与定义

1. 台区线损

台区配电网在输送和分配电能的过程中，由于配电线路及配电设备存在着阻抗，在电流流过时就会产生一定数量的有功功率损耗，在给定的时间段（日、月、季、年）内，所消耗的全部电量。台区线损电量 = 台区供电量 – 台区用电量。台区线损从管理的角度分为技术线损和管理线损。

2. 公用配电线路

产权属于供电公司（或移交供电公司管理）且系公用性质的配电线路。

3. 公用配电线路线损率（公线线损率）

一定时间内同一供电回路，公用配电线路关口电能表计量电能与接带的客户计费电能表计量电能之间的电能损失率。

公用配电线路线损率 =[（供电量 – 售电量）/ 供电量] × 100%。

其中：供电量 = 公用配电线路关口计量装置的正向有功总电量 + 上网电量（低压计费用户上网电量和高压供电用户反向有功电量）；售电量 = 公用配电线路所带专用变压器计量装置的正向有功总电量 + 公用台区所辖低压计费用户的有功总电量 + 线路反向有功电量。

4. 公用配电线路高压线损率

公用配电线路从线路关口表到配电变压器台区考核表及所接带高压客户计费电能表之间线路的电能损失率。

公用配电线路高压线损率 =[公用线路供电量 –（公用台区供电量 + 高压供电用户售电量）/ 公用线路供电量] × 100%。

其中：公用线路供电量 = 公用配电线路关口计量装置的有功总电量 + 公用台区反向有功电量 + 高压供电用户反向有功电量；公用台区供电量 = 公用配电变压器台区关口表的有功总电量 + 公用配电线路反向有功电量；高压供电用户售电量 = 高压供电计费用户正向有功总电量。

5. 公用配电线路低压线损率

公用配电线路配电变压器台区考核表到客户计费电能表之间的电能损失率。

公用配电线路低压线损率 =[（公用配电变压器供电量 – 低压供电用户售电量）/ 公用配电变压器供电量] × 100%。

其中：公用配电变压器供电量 = 公用配电变压器台区关口表有功总电量 + 低压计费用户上网电量；低压供电用户售电量 = 低压计费用户有功总电量 + 公用配电变压器台区关口表反向有功电量。

6. 低压台区线损率

低压台区线损率 =[（供电量 – 售电量）/ 供电量] × 100%。

其中：供电量 = 配电变压器关口计量装置的有功总电量 + 低压计费用户上网电量；售电量 = 台区所辖低压计费用户的有功总电量 + 公用配电变压器台区关口表反向有功电量。

（二）核查方法及治理措施

（1）应用采集系统开展在线排查。系统查询路径：采集系统—线损管理—线损统计分析—台区线损明细—台区编号栏中输入台区编号或台区名称，核对“应覆盖户数”与“应抄户数”是否对应，如不一致应及时调整档案信息。

（2）应用稽查主题开展在线排查。在稽查信息系统（内控系统）中维护“客户未匹配到台区”“远程抄表客户的抄表周期仍为两个月”“合并考核台区发生变化”“台区与线路对应关系发生变化”“台区未匹配到线路”“台区属性发生变化”“台区线损率越限”“台区供售电量异常”等稽查主题，在线排查台户关系匹配的一致性。

（3）排查营销、线损、采集系统之间台户对应关系。排查营销信息系统、采集系统、线损系统之间线损基础数据的对应关系是否一致，并分析台区下采集点、电源点与台户关系匹配的一致性。

（4）现场排查台户匹配关系。具备现场排查台户关系条件的应对台区所有客户逐一进行梳理排查，发现跨台区客户或采控关系不对应客户，应及时按实际归属关系进行调整，并检测调整台户关系后的台区线损指标情况。针对接带客户较多或多路电源供电的台区（住宅小区），应用台区识别仪、低压现场诊断仪等线损检测设备开展现场测量，下行载波方式采集的居民用户需测到每个集中器位置，下行总线方式采集的居民用户需测到每一路进线，其他用户应测到每个表位。

（5）针对双电源、多电源供电的台区（计量点），重点排查互带电量是否及时、准确进行调整。

（6）现场排查增容、改造、升级、调整抄表路线等台区、用户是否及时在营销信息系统、采集系统、线损系统进行相应调整。

（三）台户匹配关系异常案例

1. 案例描述

某供电公司管辖的公用台区 2022 年 5—7 月累计线损率 51.56%，严重超出考核线损率指标。

2. 问题研判

经查询营销信息系统中该台区接带 4 户低压客户，通过记录查询台区客户档案调整情况知，5 月曾进行了 6 户档案调整，将 6 户档案调整至本台区，但采控系统未能及时同步档案，计算线损时漏计低压客户电量，导致台区高损。

3. 整改建议

（1）将采控系统中台区客户信息进行调整，对考核电量进行追退，将台区线损率恢复至正常。

（2）台区客户档案调整完毕后及时完成客户采控系统同步档案操作，对台区调整档案情况设置专门人员监督，及时提醒档案修改完成后的同步，实现全流程管控。

五、电能计量装置

电能计量装置异常，不仅影响电能计量装置的安全稳定运行，还会造成电量电费损失，引发经营风险和服务风险，严重者甚至会引发社会舆情，因此应从管理、技术等方面采取有效措施，防范错误接线等异常问题的发生，最大限度减少电能计量异常带来的影响。

（一）术语和定义

1. 电能计量装置

由各种类型的电能表或与计量用电压、电流互感器（或专用二次绕组）及其二次回路相连接组成的用于计量电能的装置，包括电能计量柜（箱、屏）。

2. 关口电能计量点

电网企业之间、电网企业与发电或供电企业之间进行电能量结算、考核的计量点，简称关口计量点。

3. 缺相

三相电能表在运行过程中，由于接线接触不良等原因造成的 TV 电压丢失或低于某一电压值（但不为零）的现象称为缺相。

4. 断相

三相电能表在运行过程某相电压为零的现象。

5. 配电变压器台区关口表

配电线路中用于计量公用变压器电量所安装的计量表计。

（二）核查方法及治理措施

（1）应用稽查主题开展在线排查。在稽查信息系统（内控系统）维护“电能计量装置轮换超期 10 年”“频繁更换电能表”“频繁更换互感器”“互感器故障追收电量为 0”“电能表故障追收电量为 0”“经互感器接入的电能表配置异常”等稽查主题，筛查计量异常客户。

（2）应用采控系统、采集系统开展在线排查。根据计量方式实时召测数据判断是否存在电能计量二次回路故障（断相、欠电压、失电压、欠电流、失电流），若存在类似故障则需要现场进一步核实；召测“交流采样”电压电流相位角，根据计量方式及相位数据判断二次回路接线是否正确，若存在疑似问题则需要现场进一步核实；比对电能表电量与采控终端电量有无差异，若每月电量差量超过 ±5%，则需要现场进一步核实。

（3）应用采控系统、采集系统召测电能表 A/B/C 三相电压、电流、零序电量、视在功率，查看是否存在失电压、失电流、断相、逆相序、极性反等情况，并查看用户正向有功最大需量值与用电量是否有明显不匹配的情况，进而分析诊断异常原因。

（4）应用采控系统召测台区考核表三相功率因数，出现两相功率因数偏低，可能存在跨相接线错误问题；出现一相功率因数偏低，可能存在极性反等接线错误问题。

（5）应用采控系统、采集系统召测台区考核表和台区内用户电能表的日冻结电能示值，分析电量突增、突减时间点，并结合用户历史用电趋势，分析判断电能计量装置是否准确计量。

（6）采取常规检查手段排查计量装置异常。检查电流互感器接线是否正确，互感器外观是否有裂纹、烧毁等现象；检查穿心式电流互感器穿心匝数与铭牌标注的倍率匝数标识是否一致，并确认与各系统间的综合倍率是否一致；检查分相互感器的倍率是否一致，精度是否达到 0.5S 级。

（7）采取常规检查手段排查电能表异常。检查电能表表号、地址、现场指针与营销系统是否一致；检查电能表表箱有无人为破坏，封印是否完整，电能表显示屏是否黑屏，是否存在电能表表前接线用电，电能表是否处于报警状态，根据电能表故障代码分析判断电能表报警异常原因。

（8）采取常规检查手段排查联合接线盒异常。检查联合接线盒电压熔丝或小断路器是否处于闭合状态（熔丝缺失、卡扣松动、损坏）导致计量缺相，若三相熔丝同时故障或电压回路小断路器损坏、跳闸会导致电能表失电，不计或少计电量。

（9）采取常规检查手段排查电能计量装置接线。使用万用表、钳形电流表现场测量电能表三相电压、电流数据，并与电能表显示的电压数值、电流数值、电流电压相位角及功率因数进行比对、分析、判断；检查单相电能表与三相电能表同时入户的用户，是否在其户内将两块电能表的中性线 / 相线串用，造成电能表不计或少计电量；检查中性线是否虚接，电阻是否正常。

（10）电能表显示逆相序分析判断。电能表经电流互感器接入，接线正确情况下代表实际相序，接线错误时并不代表真实逆相序，要注意区别对待。可以使用用电检查综合测试仪检测电能计量装置综合误差，以此来判断接线的正确性。检查电能表象限指示闪烁符号，若不存在反向送电可能的，电能表象限指示闪烁符号应出现在Ⅰ、Ⅳ象限；若在Ⅱ、Ⅲ象限闪烁符号，则可判断为错误接线。

（11）应用相位仪、钳形电流表或用电检查综合测试仪对电能计量装置进行现场检测，检测电能计量装置是否存在故障、接线错误或接触不良等情况。

（12）应用相位仪、钳形电流表或用电检查综合测试仪对电能表显示三相不平衡、失电压、失电流、断相、逆相序等现象进行现场检测，分析判断问题产生的原因。

（13）应用钳形电流表或用电检查综合测试仪对电能表三相低压一次侧电流（每相测量时，应对所有出线测量后相加）分别进行测量，并查看电能表显示的二次侧电流，换算是否与现场、各系统综合倍率一致。

（14）应用钳形电流表或用电检查综合测试仪检测电压接线是否存在虚接，造成一相或三相无电压；检测电压电流接线是否存在相序接反、电流电压不同相、极性反、零相不接表、电压回路接线不可靠；检测互感器二次线经联合接线盒后，是否存在电压电流压片应打开的未打开、应短接的未短接；检测电流回路是否接入其他设备，人为造成分流现象。

（15）使用三相用电检查综合测试仪实时进行三相三线制 48 种和三相四线制 96 种接线错误判定；使用三相用电检查综合测试仪对电能计量装置综合误差、变比、电压、电流、有功功率、无功功率、相位、相序、功率因数、相量图、谐波等诸多工频电参数进行现场测量；使用三相用电检查综合测试仪对电能计量装置误差进行现场校验。

六、窃电行为

窃电行为是指在电力供应与使用中用户采取各种手段非法占有电能，以不交或者少交电费为目的，采用非法手段不计量或者少计量用电的行为，包括以下几种：

（1）在供电企业的供电设施上擅自接线用电。

（2）绕越供电企业用电计量装置用电。

（3）伪造或开启供电企业加封的用电计量装置封印用电。

（4）故意损坏供电企业用电计量装置。

（5）故意使供电企业用电计量装置不准或失效。

（6）采取其他方式进行窃电的行为。

窃电行为是一种违法行为，依据《供电营业规则》（中华人民共和国电力工业部令　第 8 号）规定，窃电者应按所窃电量补缴电费，并承担补缴电费三倍的违约使用电费。拒绝承担窃电责任的，供电企业应报请电力管理部门依法处理。窃电数额较大或情节严重的，供电企业应提请司法机关依法追究其刑事责任。

窃电量的确定：在供电企业的供电设施上擅自接线用电的计算公式为 $W=Pt$（其中，W 为窃电量，P 为窃电设备功率，t 为窃电时间）；除擅自接线外其他行为窃电的，所窃电量按计费电能表标定电流值所指的容量乘以实际窃电用的时间计算。

（一）常见的窃电方式

1. 断（分）电流窃电

窃电者采用改变电能表电流计量回路的正常接线，或故意改变电流互感器变比、极性，或添置短路线圈或分流回路，造成计量电流回路故障，致使电能表的电流线圈无电流通过，或只通过部分电流，从而导致电能表不计或少计电量。断（分）电流窃电原理图如图 2-10 所示。

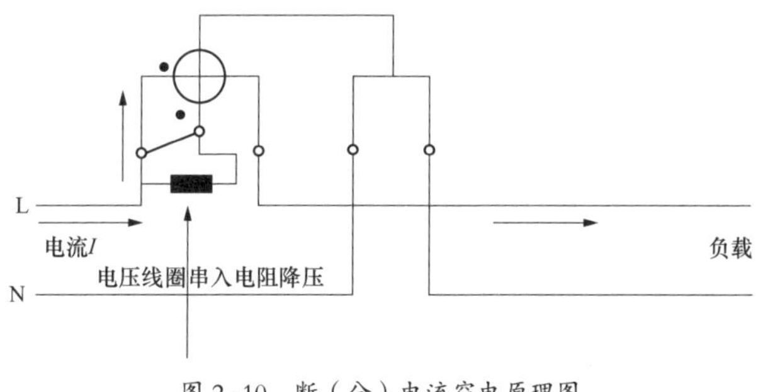

图 2-10 断（分）电流窃电原理图

2. 失（欠）电压窃电

窃电者采用改变电能表计量电压回路的正常接线、故意造成计量电压回路开路或接触不良、在电压线圈回路中串联电阻等，导致计量电压回路故障，使电能表的电压线圈失电压或额定电压降低，从而导致电能表不计或少计电量。失（欠）电压窃电原理图如图 2-11 所示。

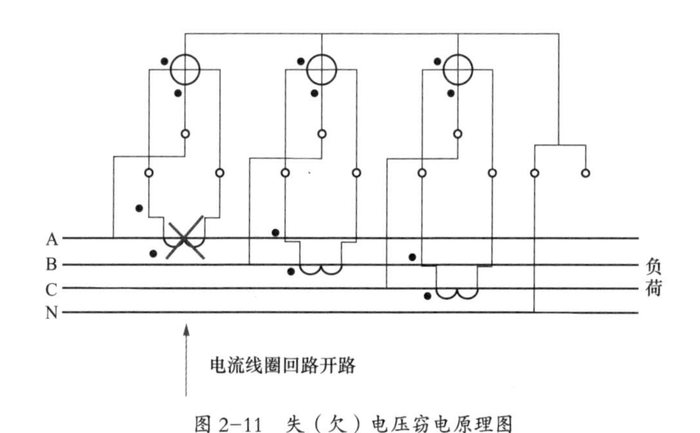

图 2-11 失（欠）电压窃电原理图

3. 移相窃电

窃电者根据电能表的计量原理。采用不正常接线，接入与电能表线圈不对应的电压、电流，或在线路中接入电感或电容，改变电能表线圈中电流、电压间的正常相位关系，致使电能表不计或少计电量。移相窃电原理图如图 2-12 所示。

4. 扩差法窃电

窃电者通过各种手段改变电能表内部结构性能，致使电能表本体的误差扩大，或改变电能表的安装条件，致使电能表不计或少计电量。扩差法窃电原理图如图 2-13 所示。

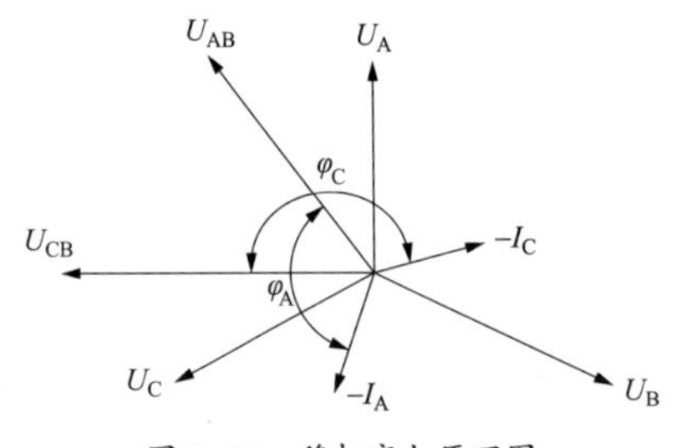

图 2-12　移相窃电原理图

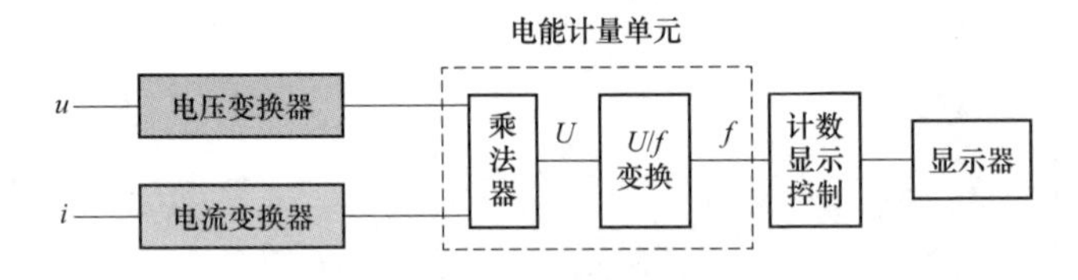

图 2-13　扩差法窃电原理图

5. 常规窃电

窃电者采取直接挂钩或引入暗线用电，表前接线用电，无表用电。

6. 无表用电

窃电者多为配电室照明、直流屏、广电信号放大器、电信网络设备、广告灯、小区内泛光照明、景观灯、园林绿化、充电桩、临时用电设备等用电，点多、面广且用电量较小，不易被及时发现。无表用电现场图如图 2-14 所示。

图 2-14　无表用电现场图

（二）核查方法及治理措施

（1）应用稽查主题开展在线排查。在稽查信息（内控）系统维护“频繁更换电能表”“网吧宾馆等重点监控行业”“近一年内月度的最大电量与最小电量比值大于3”“非大工业客户变压器容量大电量小”等稽查主题，在线筛查疑似窃电客户。

（2）采取常规检查手段排查窃电。检查电能表的表号、制造厂家、电流、电压以及倍率等信息与营销系统是否一致；检查电能表、表箱、联合接线盒外观、封印（大盖、表尾）等是否完整良好，运行是否正常；检查是否存在故意使电能计量失准、绕越计量、私自开启电能表接线盒和电能表表尾盖封印用电等现象。

（3）使用钳形电流表检测相线、中性线电流值，并与表内电流值进行对比，两者间误差在0.01~0.02A属于正常，若两者误差较大，应使用电能计量现场校验仪或用电检查综合测试仪对电能表的误差进行现场校验。

（4）采取断B相电压法排查窃电。设客户负荷基本对称平稳，打开三相三线两元件有功电能表接线盒，旋松B相电压接线螺钉，抽出B相接线。若该计量装置原本的接线准确无误，则此时电能表的转速（或脉冲数）应减为原来的一半。记录相同圈数或脉冲数下的电能表所用时间，若所需时间未减为原来的一半，则表明接线有问题，需作进一步检查。

（5）采取电压交叉法排查窃电。三相三线两元件有功电能表，带电运行时，打开接线盒，旋松A相与C相电压接线螺钉，抽出A相与C相电压进线，相互交换后再插入孔中拧紧螺钉，使两元件的电压交叉，这时电能表将停转，表明交换前的接线是正确的。这种方法有时会失败，因为个别接线错误时，A、C相电压线交叉后电能表也会停转。

（6）采取技术手段排查窃电。针对使用倒表器、移相法、无线遥控器或通过改变电流、电压、相位参数等手段进行窃电，可通过采控系统采集到的电能表各类事件进行分析研判，如分析电能表停电、电能表开盖、失流、失压等事件进行综合分析，精准锁定疑似窃电客户。

（7）应用低压台区线损诊断仪对台区用户进行现场实时数据采集，通过云端服务器对采集到电能表表底、相电压、中性线电流、开盖记录等进行分析，能够精准锁定使用分流法、分压法、移相法、表内扩差法等窃电客户。

（8）应用采集器召测单相电能表相电流、中性线电流数据，核对电流值是否一致，判断是否存在“一线一地”窃电现象。

（9）应用采控系统召测电能表电压、电流曲线电能量示值数据，排查三相电流曲线是否有断续的现象，并分析判断是否符合实际用电规律，锁定疑似窃电用户。

（10）通过分析电能表总示数不等于各费率之和、电量为零但功率不为零、电费剩余金额与购电记录不符、电流不平衡超阈值、电压不平衡超阈值、功率曲线全部为零、用电负荷超容量、总功率不等于各项功率之和、电量曲线有负值、功率曲线有负值、电能表极性反等，锁定疑似窃电用户。

（11）应用低压台区线损诊断仪检测电能表开盖记录锁定疑似窃电用户。通过对电能表开盖事件记录异常实际长短、频次以及最后一次异常记录前后用电量变化情况进行分析（排除电能表质量引起的开盖误报），精准锁定窃电用户。

（12）通过对台区历史线损正常期间用电量与当前线损率突增期间用电量进行比对分析，对电量异动大，如出现零电量、电能表示值不平、电能表出现反向电量等进行监控分析，锁定疑似窃电用户。

（13）分析高损产生的时间，对地理位置相邻台区用电量、售电量、线损率等进行同期比对分析，是否存在跨台区隐蔽窃电的现象。

（14）应用分段分相监测设备对台区下分支线、电能表进行分段分相线损监测，精确定位损耗异常的设备。将具有拓扑关系识别与线损分析功能的能源控制器与低压物联感知终端（LTU）分别安装在台区总表与分支电能表上，形成台区总表—分支—表箱—电能表四级台区拓扑，基于分段线损的原理，对窃电行为进行准确定位。

七、抄表质量

抄表是指供电企业采取各种方式对用户所有计费电能表用电量进行抄录，抄表质量直接关系到供电企业的经济效益和社会效益。

（一）术语与定义

1. 抄表周期

抄表人员在固定的抄表例日对电力客户两次抄表结算间隔的时间。

2. 抄表例日

每月对所辖客户的抄表时间，实际上就是电费的结算日期。

3. 调整抄表周期和例日

由于线损管理、抄表需要、电力客户需求等原因，需要变更两次抄表结算间隔日期和电费结算日的业务，称为调整抄表周期和例日。

4. 有功功率

在交流电路中，电阻所消耗的功率为有功功率，以字母 P 表示，单位为瓦（W）或千瓦（kW），有功功率与电流、电压关系式为 $P=UI\cos\varphi$，一般在三相电能表中可以读取这个参数。

5. 无功功率

在交流电路中，电感（电容）是不能消耗能量的，它只是与电源之间进行能量的交换，而并没有消耗真正的能量。我们把与电源交换能量的功率称为无功功率，用符号 Q 表示，单位为乏（var）或千乏（kvar）。无功功率与电压、电流之间的关系为 $Q=UI\sin\varphi$，一般在三相电能表中可以读取这个参数。

6. 功率因数

在交流电路中，电压与电流之间的相位差（φ）的余弦叫作功率因数，用符号 $\cos\varphi$ 表示。在数值上，其为有功功率与视在功率之比，即 $P/S=\cos\varphi$。在总功率不变的条件下，功率因数越大，则电源供给的有功功率越大。因此，提高功率因数，可以充分利用输电与发电设备，一般在三相电能表中可以读取这个参数。

7. 数据冻结

数据冻结是采集终端依照电能表通信规约规定向电能表发送的一条命令，电能表执行该命令后将这一时刻的数据保存在电能表缓存内。采集终端从电能表缓存中读取数据，并把该数据与时标一起封装后存储在采集终端。

（二）核查方法及治理措施

（1）应用稽查主题开展在线排查。在稽查信息系统（内控系统）维护“电能表入库有功指针不等于拆回有功指针”“故障、轮换拆表指针异常”“连续发行相同电量的客户”“非居民客户新装归档半年内未发行电量”“大工业客户电量过大”“非大工业客户电量过大”“大工业电量异动”“非大工业电量异动”“换表后日均电量高于换表前 30% 及以上”“换表后日均电量低于换表前 30% 及以上”“远程抄表客户的抄表周期仍为两个月”“本月电量低于近 12 个月平均电量的 50%，且月电量大于 500kWh 的客户”“客户月电量变化趋势与所在台区线损率成反比”“近 3 个月连续电量波动低于 5%”“近一年内月度的最大电量与最小电量比值大于 3”“暂停客户电量异常”“非大工业客户变压器容量大电量小”“大工业电量异动”“台区供售电量异常”“清洁供暖客户抄表不到位”“冻结户所在线路线损率较高”“执行农业电价客户反季节大量发行电量”“执行农业电价客户发行电量平稳”“车库、居民屋出租等电量异常”等稽查主题，在线排查抄表质量。

（2）采取常规手段排查抄表质量。对新装、增容、故障轮换等客户，认真核对用电地址、电能表表号、用电性质、电能表型号、倍率等参数与营销系统是否一致，核对装拆日期、装拆指示与营销系统是否相符，对电量异动用户排查；通过与上月、前三月平均值、同期电量进行比对分析，对异动率大于30%~50%的表码进行重新召测，确认抄表无误后应现场检查计量装置有无烧坏、损毁、窃电等现象；对零电量用户进行排查。对多次或间接性出现零电量用户进行认真排查，重点排查采集是否成功，用户真实用电情况等。

（3）定期开展现场抄表排查。原则上每三个月现场排查一次，防止电能表示数误传、损毁等。

八、采控终端、集中器

电能信息采控终端是装在用户端受主站监视和控制的，负责各信息采集点的电能信息的采集、数据管理、数据传输以及执行或转发主站下发的控制命令的设备，是电能信息采控系统的重要组成部分。采控终端主要有四种：公用变压器终端、专用变压器终端、大客户终端、变电站终端。

（一）术语与定义

1. 采集主站

通过信道对采集设备中的信息采集、处理和管理的设备及采集系统软件，一般指统建的用电信息采集系统主站，简称“主站”。

2. 集中器

对低压客户用电信息进行采集的设备，负责收集各采集器或电能表数据，并进行处理存储，同时能和主站或手持设备进行数据交换的设备。

3. 采集器

用于采集多个或单个电能表的电能信息，并可与集中器交换数据的设备。采集器依据功能可分为基本型采集器和简易型采集器。基本型采集器抄收和暂存电能表数据，并根据集中器的命令将存储的数据上传给集中器。简易型采集器直接转发集中器与电能表间的命令和数据。

4. 通信模块

采集系统主站与采集终端之间、采集终端与采集器，以及采集器/采集终端与电能表之间本地通信的通信单元或通信设备。一般采集器/采集终端与电能表之间的通信单元使用窄带载波、微功率无线或宽带载波等通信方式；采集系统主站与采集终端之间多采用无线公网 GPRS/CDMA、无线专网 230MHz 及 4G 等通信方式。

5. 规约

系统中某种通信规约或数据传输的约定，低压客户抄表子系统中使用的规约有自定义规约和多种电能表规约。

（二）核查方法及管控措施

（1）排查档案信息是否准确完整。排查采控终端的资产编号和通信地址是否与现场资产和营销信息系统内资产信息一致；排查采控终端的安装位置是否明确、详细；排查公用变压器终端的规约类型设置是否正确；采控终端的变电站、线路、台区、管理单位和台式变压器容量信息是否完整、准确；排查采控终端的通信方式、通信卡号码和主站 IP 地址是否完整，准确；排查各采集点的电流互感器（TA）倍率、电压互感器（TV）倍率、综合倍率、测量点号、端口号、通信地址、通信速率、通信规约、整数位、小数位、费率数是否准确；排查采集点电能表参数是否设置正确；排查采控终端和电能表现场更换后，是否及时更新档案信息。

（2）排查参数下发和数据召测情况。排查各项参数下发是否完整、准确；排查采控终端实际使用的主站 IP，与采控系统内信息是否能对应；排查终端时钟是否准确；排查在线终端是否可以正常召测实时电能表数据、日冻结数据、电能表基本数据、电能表有功 / 无功功率曲线、功率因数曲线、电压 / 电流曲线、电能示值曲线等；排查电能示值等基本数据是否与现场表计数据对应；排查召测数据有无问题，有无失电压、失电流和不抄表等缺陷；排查召测终端配置电能表是否与采控档案对应；排查电源侧、供电侧关口计量点信息自动采集率是否达到 100%，销售侧 100kVA 及以上用户电能量自动采集率是否达到 100%，月末日 24:00 自动抄表的电量比率是否达到 95% 以上。

（3）排查采集器运行状态。进行采集器外观检查。查看集中器运行是否正常，三相电源接入是否正确。查看无线公网信号强度，如集中器上行信号不良，适当调整天线或集中器位置，保证信号强度。集中器屏幕、路由模块、通信模块显示异常，需联系厂家进行处理。

（4）排查集中器参数设置。排查集中器终端地址、区划码等档案信息设置是否正确，如无档案或档案信息不全，从主站重新下发档案；排查上行通信模块、载波模块检查。如上行通信模块或载波模块损坏应及时进行更换。

（5）排查采集器外观。通过采集器的状态指示灯来判断采集器运行是否正常，如果采集器故障则必须及时更换采集器。运行红灯表示采集器正在运行，常灭表示未通电。状态为红绿双色灯，红灯闪烁表示 RS–485 通信正常，绿色闪烁表示载波通信正常。

（6）排查采集器接线。排查采集器 RS–485 通信线与电能表接线是否有松动虚接、断路和短路现象，采集器 RS–485 线路正常的情况下通过测试电能表 RS–485 端口电压判断故障类型。

（7）采集器异常分析。分析台区考核表通信端口设置情况。台区考核表采用 RS–485 方式进行通信，采集系统中通信端口是否设置为标准值；分析用户电能表通信端口设置情况。系统与现场序号是否一致，系统与现场规约是否一致，系统与现场通信地址是否一致，系统中通信端口是否设置为标准值；分析台区考核电能表与用户电能表时钟偏差情况。排查台区考核表与用户电能表时钟是否存在超时差现象，导致采集数据异常，进而锁定台区线损异常原因。

第三章
电能计量装置异常对配电网线损的影响

电能计量装置是由电能表、计量用电压互感器、电流互感器及其二次回路等组成，所计电能量由电能表示值（表码）和电流互感器、电压互感器变比（倍率）组合计算得出。电能计量装置在安装前必须经过检验合格方可投入运行，误差很小。但计量装置在安装过程中容易发生接线错误等问题，导致电能计量装置计量失准，影响配电网线损数据统计的准确性。避免和及时更正电能计量装置异常，是配电网线损治理的重点手段之一。

本章主要介绍电能计量装置的配置及接线方式，电能计量装置异常常见形式，异常事件的现场排查以及电量异常数据分析。为广大电力营销工作者提供一些具体、实用、可操作性强的电能计量装置异常排查治理方法。

第一节　计量装置配置及接线方式

由于电力生产与供应具有发、供、用同时完成的特点，为了公平合理地进行商品交易，需要一个器具对电能进行测量计算，这个装置就是电能计量装置。电能计量装置能否准确计量，取决于电能表、计量用电压互感器、电流互感器基本误差是否合格，二次回路接线是否正确，其中接线是否正确尤为重要。

一、电能计量装置配置

（1）Ⅰ类发电企业上网购网关口计量点同一主或副关口计量点应装设两块相同型号、相同规格、相同准确度等级的多功能电能表，其中一块定义为主表，一块定义为副表，主副表应有明确标志。Ⅰ类供电单位供电关口计量点主、副关口计量可装设一块多功能电能表。Ⅱ、Ⅲ类关口计量点装设一块多功能电能表。

（2）经电流互感器接入的电能表，其额定电流宜不超过电流互感器额定二次电流的30%，其最大电流宜为电流互感器额定二次电流的120%左右。经互感器接入的贸易结算用电能计量装置应按计量点配置电能计量专用电压、电流互感器或专用二次绕组，并不得接入与电能计量无关的设备。

（3）贸易结算用的电能计量装置原则上应设置在供用电设施的产权分界处。发电企业上网线路、电网企业间的联络线路和专线供电线路的另一端应配置考核用电能计量装置。分布式电源的出口应配置电能计量装置，其安装位置应便于运行维护和监督管理。

（4）Ⅰ类电能计量装置、计量单机容量100MW及以上发电机组上网贸易结算电量的电能计量装置和电网企业之间购销电量的110kV及以上电能计量装置，宜配置型号、准确度等级相同的计量有功电量的主副两只电能表。

（5）三相三线制接线的电能计量装置，其2台电流互感器二次绕组与电能表之间应采用四线连接；三相四线制接线的电能计量装置，其3台电流互感器二次绕组与电能表之间应采用六线连接。

二、电能计量装置接线方式

（1）电能计量装置的接线应符合DL/T 825—2021《电能计量装置安装接线规则》的要求。

（2）接入中性点绝缘系统的电能计量装置，应采用三相三线有功、无功或多功能电能表。接入非中性点绝缘系统的电能计量装置，应采用三相四线有功、无功或多功能电能表。

（3）接入中性点绝缘系统的电压互感器，35kV及以上的宜采用Yy方式接线；35kV以下的宜采用Vv方式接线。接入非中性点绝缘系统的电压互感器，宜采用YNyn方式接线，其一次侧接地方式和系统接地方式相一致。

（4）三相三线制接线的电能计量装置，其2台电流互感器二次绕组与电能表之间应采用四线连接；三相四线制接线的电能计量装置，其3台电流互感器二次绕组与电能表之间应采用六线连接。

（5）在3/2断路器接线方式下，参与“和相”的2台电流互感器，其准确度等级、型号和规格应相同，二次回路在电能计量屏端子排处并联，在并联处一点接地。

（6）低压供电，计算负荷电流为60A及以下时，宜采用直接接入电能表的接线方式；计算负荷电流为60A以上时，宜采用经电流互感器接入电能表的接线方式。

（7）选用直接接入式的电能表其最大电流不宜超过100A。

三、运行维护及故障处理

（1）安装在发、供电企业生产运行场所的电能计量装置，运行人员应负责监护，保证其封印完好；安装在电力用户处的电能计量装置，由用户负责保护其封印完好，装置本身不受损坏或丢失。

（2）供电企业宜采用电能计量装置运行在线监测技术，采集电能计量装置的运行数据，分析、监控其运行状态。

第二节　电能计量装置常见异常及治理措施

电能计量装置异常是指，由于电能计量装置的部件故障或人为施加外力引起电能表误差、欠电压、欠电流和电能表移相等异常。主要表现特征为：电能表显示电量与实际用电量不一致；电能表显示电量与用电性质、用电规律不匹配；电能表显示电量与生产生活季节性用电相违背等。

一、电流互感器异常

导致电流互感器异常的主要因素是人为或非人为原因造成的二次绕组匝间短路或开路、二次侧接出端短路或接触不良，以及进表电流减少而造成电能表少计电能量。由于电流互感器安装在变压器台架或计量柜内，常规检查很难发现其异常，这就需要借助营销信息集成平台，应用信息化系统工具进行在线监测、分析，利用用电检查综合测试仪现场检测一、二次电流，计算其电流比值与系统配置的电流互感器变比并进行对比，确认其是否存在异常。电流互感器常见故障与治理措施见表 3–1。

表 3–1　　电流互感器常见故障与治理措施

序号	故障类型	产生原因	治理措施
1	电流互感器二次绕组匝间短路	（1）二次开路，电压升高数千伏击穿匝间的绝缘； （2）绕组匝间绝缘被外力破坏	重新绕制或更换二次绕组
2	电流互感器发出异响且音量较大	（1）外壳钢板内衬垫松动、外壳受电磁力振动； （2）铁心固定螺栓松动、硅钢振动； （3）瓷套涂漆不均或部分脱落	（1）夹紧衬垫； （2）扭紧螺栓； （3）重新涂漆

续表

序号	故障类型	产生原因	治理措施
3	电流互感器变比错误	（1）电流互感器匝数穿错，未按照计量方案或互感器铭牌标注的匝数穿心； （2）同一组互感器变比不一致，新装或故障轮换时，同一互感器穿心匝数不一致	（1）调整电流互感器穿心匝数，确保同一组互感器变比一致； （2）更换为相同变比互感器，或调整匝数使其变比一致
4	电流互感器损坏	（1）因过载、恶劣天气、外力等因素导致电流互感器损坏； （2）电流互感器与变压器容量配置不合理，变比过大或过小，导致不能准确计量	（1）更换电流互感器； （2）根据变压器容量及接带负荷，调整电流互感器变比，使其能准确计量

（1）运行中低压电流互感器变比检查。应用钳形电流表测量一、二次电流值，计算变比，并与电流互感器铭牌上标注的变比值进行比较。

（2）电流互感器极性接反测量检查。应用钳形电流表同时钳住两相电流的进线导线或出线导线。三相负荷基本平衡的情况下两相电流的相量值与单相电流值应基本相等，若两相电流的相量值是单相电流值的$\sqrt{3}$倍，则说明电流互感器极性接反。感应式电能表经电流互感器三相四线、三相三线电能计量装置，电流接反时的分析可见表 3-2 和表 3-3。

表 3-2　经电流互感器三相四线电能计量装置电流接反分析表

$\lvert I_U+I_V \rvert$	$\lvert I_V+I_W \rvert$	$\lvert I_U+I_W \rvert$	电能表正转（感性负载）	电能表反转（感性负载）
I	I	I	接线正确	三相均接反
$\sqrt{3}I$	$\sqrt{3}I$	I	I_V 接反	I_U、I_W 接反
I	$\sqrt{3}I$	$\sqrt{3}I$	I_W 接反	I_U、I_V 接反
$\sqrt{3}I$	$\sqrt{3}I$	I	I_U 接反	I_V、I_W 接反

表 3-3　经电流互感器三相三线电能计量装置电流接反分析表

I_U+I_W	电能表正转（感性负载）	电能表反转（感性负载）
I	接线正确	二相均接反
$\sqrt{3}I$	I_u 接反	I_W 接反

对于多功能电子式电能表，由于有功功率方向指示，故同样能判断出电流接反相。对于电子式电能表，由于具有逆止功能，若无功率方向指示，三相四线电能表则改变两次测量均为实际值$\sqrt{3}$倍的一相即可正确计量；三相三线电能表则任意改变一相即可正确计量。

二、电压互感器异常

影响电压互感器误差的主要因素有一次电压、励磁电流、二次负荷阻抗及二次负荷功率因数。

电能表有直接接入式和经互感器接入式。直接接入式电能表电压断线，可以从电能表端钮上用万用表进行测量。电压互感器断线分为一次侧断线和二次侧断线，但三相电压数值的测量必须在电压互感器二次侧进行。电压互感器常见故障与治理措施见表 3-4。

表 3-4　　电压互感器常见故障与治理措施

序号	故障类型	产生原因	治理措施
1	电压互感器高压熔断器的熔丝常熔断	（1）铁磁谐振一、二次电压升高； （2）空载母线投入高压电容器，操作过电压； （3）五柱三相互感器，发生一次中性点接地或单相接地	（1）采取抗铁磁谐振措施或更换铁磁谐振； （2）母线先带负荷，后投高压电容器； （3）高压侧中性点接电阻、氧化锌避雷器或压敏电阻
2	电压互感器接线端子引线断路	（1）扭动螺母时螺杆跟着转动，扭断引线； （2）接触不良，烧断引线	（1）防止螺杆转动； （2）保证引线接触良好
3	三相电压互感器的误差超过误差限	三相电压互感器应保证正相序接线，相序接反则其误差会超过误差限	保证电源与电压互感器的正相序接线一致
4	电压互感器在运行中壳体发生爆裂或爆炸	油浸式电压互感器的自动排气阀失灵，绕组高温，引起气体膨胀，由于不能排出气体，导致其壳体爆裂	安装维修时必须确保自动排气阀灵活、正常
5	电压互感器在运行中烧毁	（1）熔断器的熔丝过大，不能熔断； （2）极性接错，一、二次电流过大； （3）铁磁谐振、操作过电压和雷击电压冲击损坏绕组绝缘	（1）采用合格的熔断器； （2）严防接线错误； （3）尽快消除接地； （4）加强防谐振、防操作过电压和预防雷击的措施

（1）直接式三相四线电能表一相断线。在电能表端钮上用万用表或电压表进行测量，其线电压与相电压测量值见表 3-5。

表 3-5　　直接式三相四线电能表一相断线

断压相	线电压、相电压（V）					
	U_{UV}	U_{UN}	U_{VW}	U_{VN}	U_{WU}	U_{WN}
正常	380	220	380	220	380	220
U	220	0	380	220	220	220
V	220	220	220	0	380	220
W	380	220	220	220	220	0

（2）Vv 接线的电压互感器断线。电压互感器采用 Vv 接线方式的电能计量装置常用接线，其一、二次侧一相断线后，其二次侧测量电压值见表 3-6。

表 3-6　　Vv 接线方式电压互感器一相断线

断压相	线电压（V）								
	二次空载			二次接一只有功电能表（电压为两元件结构）			二次接一只有功电能表 / 一只无功电能表（有功电能表电压回路为两元件结构，无功电能表为 60° 内相角）		
	U_{UV}	U_{VW}	U_{WU}	U_{UV}	U_{VW}	U_{WU}	U_{UV}	U_{VW}	U_{WU}
正常	100	100	100	100	100	100	100	100	100
u	0	100	0	0	100	100	50	100	50
v	0	0	100	50	50	100	66.7	33.3	100
w	100	0	0	100	0	100	100	33.3	66.7
U	0	100	100	0	100	100	50	100	50
V	50	50	100	50	50	100	50	50	100
W	100	0	100	100	0	100	100	33.3	66.7

表 3-6 中分二次空载、二次接一只有功电能表、二次接一只有功电能表 / 一只无功电能表三种情况列出了 Vv 接线方式电压互感器一相断线后二次侧的测量电压数据，与具体的电能表表型有关，即与电能表内部电压回路结构有关。表中所列二次接一只有功电能表的数据在有功表内部电压回路为两元件结构（也就是传统的机械表）时是正确的，二次接一只有功电能表 / 一只无功电能表的数据在有功电能表电压结构为两元件、无功电能表为 60° 内相角结构时是正确的，不适用目前使用的三相三线多功能电

能表。

（3）电压互感器极性接反测量检查。Vv 接线的电压互感器无论是 U 相还是 W 相二次极性接反时，其二次电压测量值 U_{UV}=100V，U_{VW}=100V，U_{UW}=173V。若有此测量结果，即可判断有一相电压互感器极性接反。当三相三线电能表采用的是感应式电能表时，负荷若为感性，电能表正转，则可以判断是 U 相二次极性接反，若电能表反转则可判断是 W 相二次极性接反。

（4）电压互感器接地线断线测量检查。检查电压互感器接地线是否断线，可将电压表（或万用表电压挡）的一端接地，另一端分别接向电能表的三个电压端子。

Vv 接线的电压互感器若相接地，则电压表三次测量中两次指示 100V，一次指示零，指示为零相接地。若无接地，则电压表三次均指示零。

三、电能表异常

导致电能表异常的主要因素是人为或非人为原因造成电能表本体结构发生异常或内部零部件损坏引起的计量失准。此类异常发生在电能表内部，除了直接短接电流元件接线端之外的情况都显示三相电流平衡，电能表外部二次回路电流也显示正常，常规检查中不易被发现。这就需要借助营销信息集成平台，应用信息化系统工具进行在线监测、分析，采取相序测量、移相分析法等手段，进一步确认其是否存在异常。电能表常见故障与治理措施见表 3-7。

表 3-7　　电能表常见故障与治理措施

序号	故障类型	产生原因	治理措施
1	终端离线	（1）现场信号弱或无信号； （2）天线脱落、损坏、与上行通道模块不匹配； （3）终端故障（黑屏或不显示任何信息）； （4）SIM 卡、上行通道模块缺失、损坏等	（1）加装平板天线，更换当地信号较强的模块、SIM 卡和天线； （2）更换天线，并安装牢固，防止再次脱落； （3）更换终端、SIM 卡或上行通道模块，需要调整参数的，应及时在现场和营销系统做相应调整
2	电能表不走字	（1）联合接线盒三相电流连片均接错导致电流短路或开路，电能表“Ia”“Ib”“Ic”均闪烁或不显示（接错一相或两相会导致少计或不计电量）； （2）三相电流极性均接反，电能表显示“–Ia”“–Ib”“–Ic”（接反一相或两相会导致少计或不计电量）	（1）检查联合接线盒，调整错误接线； （2）调整电流进出线，进线换出线，出线换进线，必须电压电流同相

续表

序号	故障类型	产生原因	治理措施
3	二次线接线错误	（1）电流电压不同相（三相电流线与电压线接线不同相，如A相电压线接C相电流线，C相电压线接A相电流线）。 （2）零线（中性线）共用（电流出线互串，采取老式接法，即将A、B、三相电流互感器S2互连、电能表三相电流出线互连）。 （3）电流极性接反，当一次线从P1穿入时，S1为电流进线，S2为电流出线；当一次线从P2穿入时，S2为电流进线，S1为电流出线。如果接反一相或两相就会导致电能表反向走字，三相全部接反不计电量，电能表显示“-Ia”“-Ib”或“-Ic”。 （4）二次电压线虚接，导致电能表失压，少计或不计电量	（1）使用万用表对其电压相位进行测量，并分析判断，用电压找电流，使其相匹配； （2）条件具备情况下，逐相排查电流互感器、联合接线盒、电能表接线，使其电压电流同相； （3）将电流短接线拆除，6根电流线必须与电流互感器一一对应，并确保电流电压同相； （4）同一相电流进线换出线，出线换进线（同一相的S1与S2互换）； （5）检查电能表接线，确保裸线部分压接可靠，联合接线盒内电压端子可靠连接
4	联合接线盒接线错误	（1）联合接线盒电流连接片连接错误，导致电流短路，该相未经过电能表，少计电量，若三相连接片短接或未打开会导致不计电量； （2）联合接线盒本体损坏或螺栓长短不适，导致虚接	（1）将短路电流打开，使其通过电能表，准确计量； （2）更换联合接线盒或更换螺栓，使其正常运行
5	终端与电能表通信异常	（1）终端参数设置端口与终端、电能表实际连接端口不一致； （2）RS-485端口设置与RS-485线连接端口不对应、表号设置错误； （3）三相电压线未接入或零线未接入，导致终端无电压	（1）在RS-485线连接过程中需注意终端设置端口、终端和电能表实际连接端口三者均一致； （2）重新设置终端参数； （3）将电压线与终端正确连接

（一）相序测量检查

（1）相序表法。相序表的工作原理与电动机的工作原理相同，当将相序表的黄、绿、红三支表棒按顺序分别接到电能表的电压端子上时，若相序表旋转方向与指示方向一致，则说明是正相序，反之则是逆相序。

（2）相位角法。相位角法就是利用三相电压之间的固定相位关系，通过测量电压之间的相位角来判断电压的相序。正相序、逆相序时各线电压及各相电压之间的相位关系如图3-1所示。

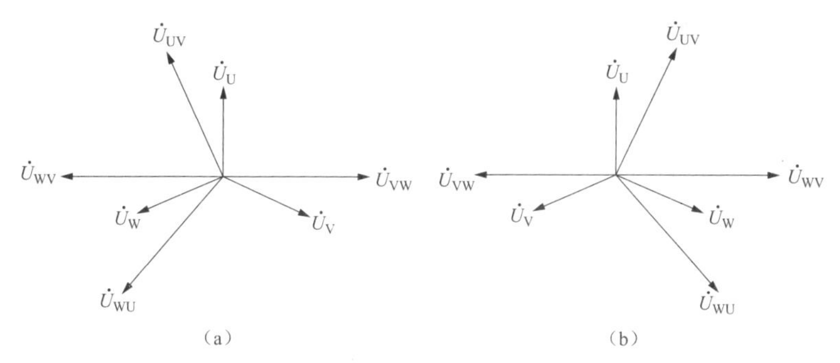

图 3-1 正相序、逆相序线电压、相电压关系图
(a)正相序;(b)逆相序

从图 3-1(a)中可以看出:U_U 超前 U_V120°,U_V 超前 U_W120°,U_W 超前 U_U120°,U_{UV} 超前 U_{VW}120°,U_{VW} 超前 U_{WU}120°,U_{WU} 超前 U_{UV}120°,U_{UV} 超前 U_{WV}300°。

从图 3-1(b)中可以看出:U_U 超前 U_v240°,U_v 超前 U_W240°,U_W 超前 U_U240°,U_{UV} 超前 U_{VW}240°,U_{VW} 超前 U_{WU}240°,U_{WU} 超前 U_{UV}240°,U_{UV} 超前 U_{WV}60°。

从上述分析可知:只要用相位表按上述电压顺序在电能表电压接线端钮上测得两线电压之间或两相电压之间的相位角,就可得出三相电压的相序。

(二)移相分析法检查

电能表接线错误,用相序测量检查法是不能确定电压与电流的对应关系的,可用移相分析法进行测量、分析、判断。如某基本对称的三相四线电路,电能表经电流互感器接入,且采用六线连接,其接线端钮盒端子接线见表 3-8。

表 3-8 电能表端钮盒接线

端钮号	1	2	3	4	5	6	7	8	9	10
测量值	$-I_U$	U_{1N}(U_{UN})	I_U	$-I_W$	U_{2N}(U_{VN})	I_w	I_V	U_{3N}(U_{WN})	$-I_v$	U_N

经在电能表接线端钮上测量,得到相关数据如下:

电压测量:U_{1N}=220V,U_{2N}=220V,U_{3N}=0V;U_{12}=380V,U_{23}=220V,U_{13}=220V。

电流测量:I_1=4A,I_2=4A,I_3=4A;$|I_1+I_2|$=4A,$|I_2+I_3|$=6.9A,$|I_1+I_3|$=6.9A。

电压间相位测量:U_{1N} 与 U_{2N} 的夹角为 120°。

电压与电流间相位测量:U_{1N} 与 I_1 的夹角为 200°,U_{1N} 与 I_2 的夹角为 80°,U_{1N} 与 I_3 的夹角为 140°。测量时客户的负荷功率因数为感性($0° \leqslant \varphi \leqslant 60°$)。

由以上测量数据可知:

电压回路：依据相电压 U_{1N}=220V，U_{2N}=220V，U_{3N}=0V（或线电压）测量值可判断 U_3 断线，U_{1N} 与 U_{2N} 的夹角为 120°，说明电压是正相序接入。

电流回路：由于 I_1=4A，I_2=4A，I_3=4A，说明电流回路没有断线或短接。

依据电压和电流的相位关系，作相量图如图 3-2 所示。

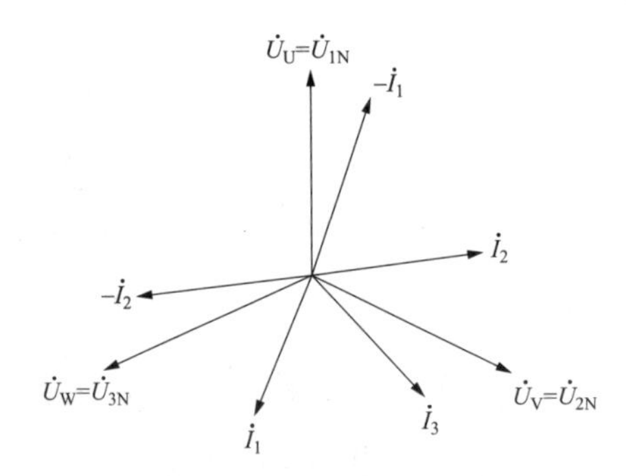

图 3-2 电能表错接线相量图

从相量图中可以看出：由于负荷功率因数角 $0° \leqslant \varphi \leqslant 60°$，所以 I_3 由 U_{2N} 产生，$-I_2$ 由 U_{3N} 产生，I_1 由 U_{1N} 产生。则电能表功率的计算公式为

$$P_1=U_{1N}I_1\cos(180°-\varphi)$$

$$P_2=U_{2N}I_2\cos(60°-\varphi)$$

$$P_3=U_{3N}I_3\cos(120°-\varphi)=0 \tag{3-1}$$

$$P'=P_1+P_2+P_3=-U_{1N}I_1\cos\varphi+U_{3N}I_3\cos(120°-\varphi)$$

$$P'=-UI\cos(60°+\varphi)$$

以上分析以电能表经电流互感器，电压、电流分开接法为例，此法同样适用于三相四线高供低计电能计量装置。

四、电能计量装置错误接线追退电量

对于电能计量装置而言，其引起误差电量的原因可能有：①电能表本身误差超出范围；②由于表内故障电能表停转、慢转、快转；③接线接触电阻较大；④接线错误。当电能计量装置误差超过规定值时，则必须进行电量的退补。退补电量的计算方法有以下几种方法。

（一）相对误差法

原有的电能表接线保持原状运行，再按正确接线方式接入一只相对误差合格（或高一个等级）的电能表，选择常用负载同时运行一段时间（时间越长越能反映真实情况），则原计量装置的总体相对误差为

$$\gamma = \frac{W_x - W_o}{W_o} \times 100\% \tag{3-2}$$

式中 W_x——试验期间，原错误接线电能表计量的电量，kWh；

W_o——试验期间，正确接线电能表计量的电量，kWh；

γ——原电能计量装置的整体相对误差，%。

当原电能计量装置的抄见电量为 W_x 时，对应的正确电量为

$$W_o = \frac{W_x}{1+\gamma} \tag{3-3}$$

退补电量为

$$\Delta W = W_x - W_o = W_x - \frac{W_x}{1+\gamma} = \frac{\gamma}{1+\gamma} W_x \tag{3-4}$$

式中 ΔW——退补电量，kWh。

应该说明的是，γ 不仅包含了被试电能表的元件误差，还包括了接线引起的计量误差。

（二）更正系数法

更正系数定义为

$$G_x = \frac{W_o}{W_x} \tag{3-5}$$

则实际电量为

$$W_o = G_x W_x \tag{3-6}$$

所以，只要得知 G_x，便可根据错误的抄见表量 W_x 求出实际用量 W_o。求更正系数 G_x 一般有两种方法：

（1）实测电量法。利用测相对误差的方法，在试验期（如 1 天）内，测得正确接线电能表和误接线电能表计量的电量 W_o' 和 W_x'，再由式（3–5）即可求出更正系数 G_x。

（2）功率比值法。由于电能表计量的电量与它反映的功率成正比，因此更正系数 G_x 还可以表示为

$$G_x = \frac{W_o}{W_x} = \frac{P_o}{P_x} \tag{3-7}$$

式中 P_o——正确接线时电能表反映的功率；

P_x——错误接线时电能表反映的功率。

功率比值法的实施步骤：①利用检查手段确定错误接线方式；②画出相量图；③写出 P_x 表达式；④计算更正系数 G_x；⑤计算窃电期间的正确电量 W_o；⑥计算差错电量

ΔW_x。对于接线简单的计量装置，可通过直观检查得出窃电方式，否则必须借助相量图法。

（三）估算法

若电能计量装置出现下列情况之一，则无法用计算手段确定差错电量，只能估算：

（1）由于负载切率因数的变化，圆盘时而正转，时而反转，即转向不定。

（2）三相负载极不对称。

（3）发生错误接线的起止时间不明，无法确定误接线期间的抄见电量。

估算方法为按电气设备的容量、设备利用率、设备运行小时数计算用电量。以上参数无法确定的客户，只能参照以往同期的用电量，然后根据有关条例核算电量。

（四）错误接线的判断与处理

（1）用钳形电流表测量接线方式为三相三线的电流互感器时，若 I_a 和 I_c 电流值相近，I_a 和 I_c 两相电流合并后测试值为单独测试时电流的$\sqrt{3}$倍，则说明有一相电流互感器的极性接反。

（2）用钳形电流表测量接线方式为三相四线的电流互感器时，若三相电流 I_a、I_b、I_c 合并后的测试值为单独测试时电流的 2 倍，则说明有一相电流互感器的极性接反，或有两相电流互感器的极性同时接反。

（3）对三相三线制接线的电能计量装置，当有任意一个电压互感器二次绕组极性单独接反时，均会使 U_{ca} 上升为 173V 左右。

（4）检查三相三线计量装置接线情况时，可先判断电压互感器一、二次有无断线，二次各相线电压是否为 100V，电流互感器有无开路或短路，再进行其他接线检查。为提高工作效率，可用断 B 相电压法和电压交叉法做初步检查。

（5）“瓦秒法”粗略测定电能表误差。该方法的测试前提是用户只能接三相对称负载或基本对称负载，且测试中负载要求平稳。测试公式为

$$T=\frac{N\times 3600\times 1000}{AP} \tag{3-8}$$

式中 T——时间，s；

N——电能表所转圈数或脉冲数，r 或 imp；

A——电能表常数，r/kWh 或 imp/kWh；

P——功率，W。

测试误差时，可设一固定圈数或脉冲数 N，计算出电能表转动或闪动 N 圈（次）

的理论时间 T，即无误差时花费的时间。然后现场实测电能表转动或闪动 N 圈（次）的时间 t，则电能表的误差为

$$r\% = \frac{\text{电能表所计电能}-\text{实际电能}}{\text{实际电能}} = \frac{PT - Pt}{Pt} = \frac{T - t}{t} \tag{3-9}$$

如该误差 $|r\%| \leqslant 5\%$，一般表明无接线误差；如误差太大，则必须进一步检查接线。

（6）电流互感器一次匝数穿错时，误差电量的表达式为

$$\Delta W = W_{\text{计}}\left(\frac{\text{正确匝数}-\text{错误匝数}}{\text{错误匝数}}\right) = W_{\text{计}}\left(\frac{n - n_1}{n_1}\right) \tag{3-10}$$

$\Delta W > 0$ 时，用户应补交电费；$\Delta W < 0$ 时，供电单位应退还用户电费。电能表严重超差时，需要进行退补电量。退补电量的大小为

$$\Delta W = (\text{本月抄见数} - \text{上月抄见数}) = \frac{-\gamma\%}{1+\gamma\%} \tag{3-11}$$

其中，ΔW 为电能表的百分比误差值，由供电单位校表员给出该误差数据，可能为正，也可能为负。需要注意公式中后面一项的分子中带有一个负号，计算中不能遗漏。

第四章
谐波对电能计量及配电网线损的影响

在理想的电力系统中，电能是以恒定频率和幅值的三相平衡正序正弦电压向用户供电，但在电力系统实际运行中，由于负荷是随时变化的，三相电压的幅值、频率、相位差不能保持恒定不变。特别是近年来，随着电气化铁路、冶金工业、医疗器械的发展，以及家用电器的不断更新迭代，电力系统中的非线性负荷（变频装置、晶闸管整流设备）广泛使用，严重影响了电能质量。减小非线性负荷（谐波）对电能质量的影响，是保障电网的安全、稳定、绿色、经济运行的重要手段，抑制和减少输配电和用电环节谐波的产生，不仅能够提升和改善电能质量，减少电网损耗，还能提高仪器仪表和电能计量装置的精准度。

本章主要介绍谐波的基本特性和检测方法，分析电力系统中谐波的来源与危害，总结和提出了抑制谐波的若干方法和措施，为广大电力营销工作者了解谐波的基本性质和检测方法提供参考和依据。

第一节　谐波的概述与产生

一、谐波的概述

（1）谐波是指电流中所含的频率为基波的整数倍的电量，一般是指周期性的非正弦电量进行傅里叶级数分解，除了基波频率的电量，其余大于基波频率的电流产生的电量，称为谐波。

（2）在振动学里认为一个振动产生波里具有一定频率的振幅最大的正弦波叫基波，其他高于基波频率的小波叫作谐波。

（3）“谐波”一词源于物理电磁学，指对周期性非正弦电量（电压或电流）进行傅里叶级数分解，除了得到与电网基波频率相同的分量，还得到一系列大于电网基波频率的分量，这部分电量称为谐波。

基波及谐波的相关波形示例如图 4-1~ 图 4-3 所示。

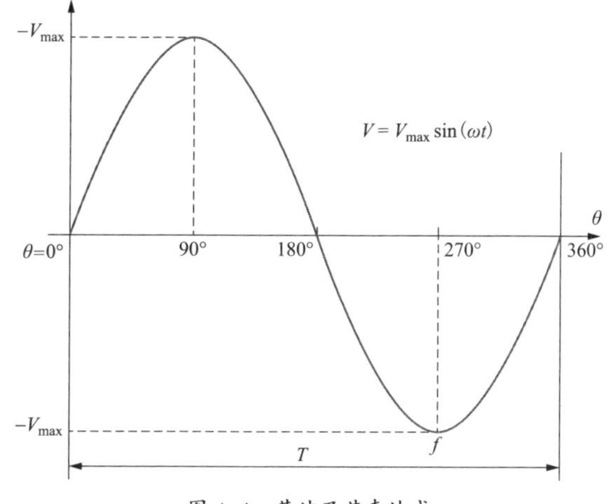

图 4-1 基波及其表达式

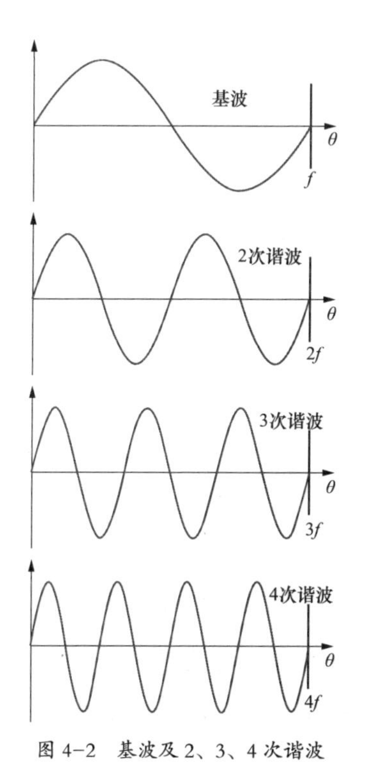

图 4-2 基波及 2、3、4 次谐波

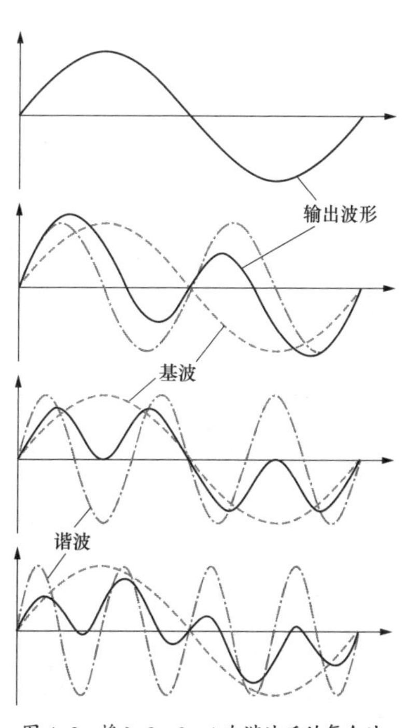

图 4-3 掺入 2、3、4 次谐波后的复合波

二、谐波的产生

正弦电压加压于非线性负载，基波电流发生畸变，产生谐波。用电环节中谐波产生是用户接入非线性负载引起，主要非线性负载有不间断电源（UPS）、开关电源、晶闸管变频器、晶闸管整流器、逆变器等。

第二节　配电网中的谐波源

一、发电机产生的谐波

严格意义上讲，电力网络的每个环节，包括发电、输电、配电、用电都可能产生谐波，多位于用电环节上。发电机是由三相绕组组成的，理论上讲，发电机三相绕组须完全对称，发电机内的铁心也须完全均匀一致，才不致造成谐波的产生，但受工艺、环境以及制作技术等方面的限制，发电机总会产生少量的谐波。

二、配电变压器产生的谐波

输电和配电系统中需要大量的电力变压器。变压器内铁心饱和、磁化曲线的非线性特征、额定工作磁密位于磁化曲线近饱和段上等诸多因素，致使磁化电流呈尖顶形，内含大量奇次谐波。变压器铁心饱和度越高，其工作点偏离线性就越远，产生的谐波电流就越大，严重时三次谐波电流可达额定电流的 5%。

三、整流设备产生的谐波

用电环节谐波源更多，晶闸管式整流设备、变频装置、充气电光源及家用电器都能产生一定量的谐波。晶闸管整流技术在电力机车、充电装置、开关电源等诸多方面被普遍采用，它采用移相原理，从电网吸收的是半周正弦波，而留给电网剩下的半周正弦波，这种半周正弦波分解后能产生大量的谐波。有统计表明，整流设备所产生的谐波占整个谐波的近 40%，是较大的谐波源。

四、变频器产生的谐波

变频原理常用于水泵、风机等设备中。变频一般分为两类：交 – 直 – 交变频器和交 – 交变频器。交 – 直 – 交变频器将 50Hz 工频电源经三相桥式晶闸管整流，变成直流电压信号，滤波后由大功率晶体开关元件逆变成可变频率的交流信号。交 – 交变频器将固定频率的交流电直接转换成相数一致但频率可调的交流电。两者均采用相位控制技术，所以在变换后会产生含复杂成分（整次或分次）的谐波。变频装置一般具有较大功率，所以也会对电网造成严重的谐波污染。

充气电光源和家用电器更是常见的谐波源。荧光灯、高压汞灯、高压钠灯与金属卤化物灯等应用气体放电原理发光，其伏安特性具有明显的非线性特征。计算机、电视机、录像机、调光灯具、调温炊具、微波炉等家用电器内置调压整流元件，会对电网产生高次奇谐波。电风扇、洗衣机、空调器含小功率电动机，也会产生一定量的谐波，这类设备功率虽小，但数量多，也是电网谐波源中不可忽视的因素。

第三节 谐波对配电网设备的影响

随着电力设备和电子元件的飞速发展，以及开关电源的广泛应用和新能源的迅速推广，谐波对电能质量、电能计量的影响不容忽视，必须采取有效的管理措施和技术措施加以抑制，提升和改善电能质量，减少电网损耗。谐波对配电网设备的影响如图4-4所示。

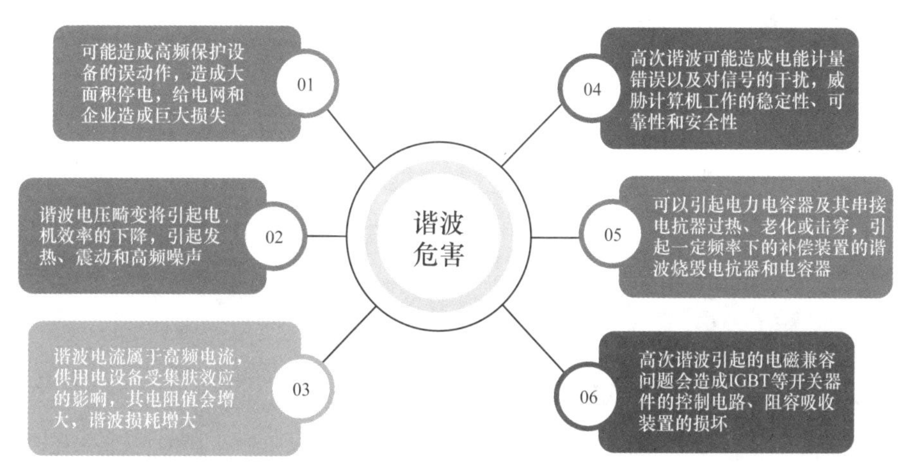

图4-4 谐波对配电网设备的影响

一、谐波对配电变压器的影响

当谐波电流和基波电流一同流经变压器绕组时，高频率的谐波会使变压器发生严重饱和，变压器的激磁电流和谐波电流大增，铜损和杂散磁通损耗变大，可能会出现变压器噪声变大、达不到额定负荷输出等现象，情况严重的还会导致变压器局部过热、破坏绝缘，从而危害配电设备和电网的安全稳定运行。

二、谐波对电流互感器的影响

谐波对电流互感器的影响主要表现为三个方面：一是会使电流互感器的传变特性变差，致使铁心饱和，波形畸变，误差增大；二是会使电流互感器比值差往负方向偏移，相位差往正方向偏移，进而降低电能计量装置的准确度；三是会严重影响电能计量装置和保护装置的准确性和可靠性。

三、谐波对电能计量装置的影响

单次谐波功率等于该次谐波电压与谐波电流瞬时值乘积在一个周期内积分均值，与基波功率计算方法一致，总谐波功率等于各次谐波功率之和。在电网中，无论谐波流向如何，负载本身不产生电能量，当谐波从负载流向电网时，实际上是负载将电网中的基波经过滤波和整流后，形成的谐波电流反送回电网，这是一种电能污染。全电子式电能表将负载（谐波源）消耗的基波有功电能和谐波源（负载）向电网返送的谐波有功电能（被污染的电能）进行了代数相加，使得记录的能量比负载消耗的基波有功电能量还要小，这样就产生了误差。电能表显示功率因数等于有功功率 / 视在功率，通常称为全波功率因数或等效功率因数。谐波的存在衍生了谐波失真无功，并不同于基波无功的一种，在谐波含量过高的情况下，也要对谐波失真无功进行治理，才能达到功率因数标准。

四、谐波对输电线路的影响

由于输电线路阻抗的频率特性，线路电阻会随着频率的升高而增加。在基肤效应的作用下，谐波电流使输电线路的附加损耗增加。在输配电网的损耗中，变压器和输电线路的损耗占了大部分，所以谐波会使电网损耗增大。谐波还会使三相供电系统中性线的电流增大，导致中性线过载。输电线路存在着分布的线路电感和对地电容，它们与产生谐波的设备组成串联回路或并联回路时，在一定的参数配合条件下，会发生串联谐振和并联谐振。

五、对其他电力设备的影响

谐波在某些设备上产生明显的集肤效应，使得发电机等铁磁设备损耗明显变大，产生过热，绝缘提前老化；使发电机出力明显不足，过热，噪声大，振动大；使电缆产生过热，绝缘提前老化等。由于非线性负载通常功率因数较低，谐波对电网负担的加重，会导致无功功率变大、电流有效值变大、电网的可用容量下降、电网的品质变坏、波形失真、频率改变等。

六、治理谐波对电能质量影响的措施

谐波治理是综合性很强的工作，是改善电能质量的重要手段，《中华人民共和国电力法》《供电营业规则》及 GB/T 14549—1993《电能质量　公用电网谐波》对各级电网电力谐波进行量化限制，对用户注入公用电网的谐波电流、谐波电压也进行了相应的规定，对主网、配电网、城网谐波治理有明确的规定和要求。

（一）管理措施

（1）Q/ND 206010101—2016《电能质量管理办法（暂行）（征求意见稿）》规定，本着“谁污染、谁治理”的原则，要求用户采取措施限期予以消除，未消除或消除不达标，经审批，可中止其供电。

（2）《供电营业规则》第五十五条规定，电网公共连接点电压正弦波畸变率和用户注入电网的谐波电流不得超过国家标准 GB/T 14549—1993《电能质量　公用电网谐波》的规定。用户的非线性阻抗特性的用电设备接入电网运行所注入电网的谐波电流和引起公共连接点电压正弦波畸变率超过标准时，用户必须采取措施予以消除。否则，供电企业可中止其供电。

（3）《供电营业规则》第五十六条规定，用户的冲击负荷、波动负荷、非对称负荷对供电质量产生影响或对安全运行构成干扰和妨碍时，用户必须采取措施予以消除。如果不采取措施或采取措施不力，达不到国家标准 GB/T 12326—2008《电能质量　电压波动和闪变》或 GB/T 15543—2008《电能质量　三相电压不平衡》规定的要求时，供电企业可以中止其供电。

（4）GB/T 14549—1993《电能质量　公用电网谐波》，对谐波电压限值、谐波电流允许值做了明确的规定。

（二）技术措施

（1）要求用户对已接入公用电网谐波源设备的非线性元件进行技术改造，通过增加整流装置的脉动数或采用脉冲宽度调制（PWM），使其少产生或不产生谐波，减少注入电网的谐波含量。

（2）通过加装有源滤波器（APF）或无源滤波器（LC）就地吸收谐波源所产生的谐波电流，抑制谐波对电网的污染。

（3）对接带谐波源用户的台区考核计量装置，可通过更换 DBI 型（抑制谐波）电流互感器，确保在非线性负荷影响下能够准确、稳定运行。

第四节　谐波导致出现负损台区案例

一、场景描述

近年来，在开展配电网线损治理的过程中，发现部分快热式电采暖生产厂家为了达到所谓的“高效热转换、节能省电”宣传效应，在快热式电采暖中加装了大功率晶闸管（SCR），也称晶闸管整流器等谐波源装置。这不仅造成电网功率损耗增加、设备使用寿命缩短、接地保护功能失常、配电线路过热、配电变压器噪声增大等，也造成电能计量装置误差增大，不能准确计量，导致出现大量的负损台区。通过稽查、用检、计量相关技术人员对接带不同规格型号快热式电采暖台区考核计量装置和计费电能表进行现场检测，并对检测结果进行分析研判，最终确认负损的主要成因就是快热式电采暖产生的谐波。

二、案例概况

某农网公用台区为 2021 年 7 月新建台区，新建投运后台区线损率在 1.9%~5.1%，2021 年 11 月电采暖用户启动后线损率上升至 –60.34%~–39.6%，2022 年 6 月快热式电采暖停运后线损率恢复至 3.64%~4.37%。

三、核查情况

2022 年 6 月，稽查人员对该台区考核计量装置进行现场测试，发现快热式电采暖未启动时，变压器运行状态和电能计量装置参数均无异常。快热式电采暖启动 1~4min 内变压器噪声增大，电能计量装置电压、频率、波形、相位角、功率因数等参数均发生畸变，致使产生电流和频率偏差、电压波动、三相不平衡、瞬时或暂态过电压、波形畸变（谐波）等现象，导致电流互感器变比成倍数增长，电能计量装置误差增大，造成电能计量装置严重失准。当快热式电采暖水温达到设定值时，变压器运行状态和电能计量装置参数恢复正常，水温达不到设定值时，快热式电采暖自动重启，变压器和电能计量装置参数再次发生噪声和畸变。

台区考核计量装置现场检测接线及结果如图 4–5 和图 4–6 所示。

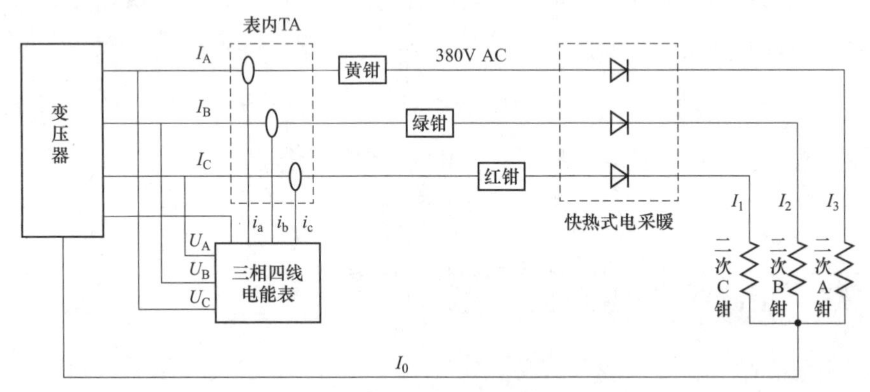

图 4–5　台区考核计量装置现场检测接线图

四、分析研判

综合以上台区线损数据报表及现场测试结果分析研判，负损的主要成因是快热式电采暖加装了大功率晶闸管（SCR）产生谐波，且随着北方地区冬季气温不断变化，快热式电采暖重启频率将随之变化，导致电能计量装置的误差增大，不能准确计量，直接影响台区线损数据统计的真实性和准确性。

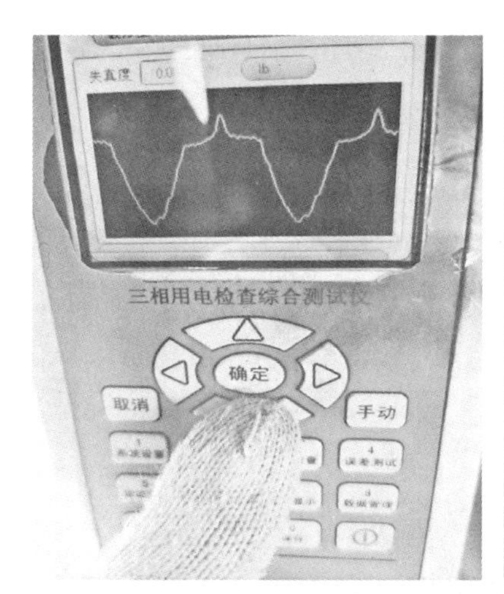
失真度
三相用电检查综合测试仪
确定
取消
手动
4
误差测试
数据管理

钳A
钳B
钳C
信号
误差校验
表号：
制式：
常数：40000
PT：1
圈数：4
CT：15
误差1：-59.167%
误差2：-59.140%
误差3：
平均：-59.158%
三相用电检查综合测试仪
确定
取消
手动
1
系统设置
2
伏安测试
3
接线检查
4
误差测试
5
谐波测试
6
变比测试
7
波形显示
8
数据管理
复位
9
删除
0
保存

图 4-6　现场检测结果图

附录 A
配电网线损治理作业指导参考表

核查类型		稽查系统筛查规则	现场核查要点	使用系统及仪器	检查依据
低压客户造成线损异常	计量管理	使用稽查规则“电能计量装置轮换超期 10 年”“频繁更换电能表”“频繁更换互感器”“互感器故障追收电量为 0”“电能表故障追收电量为 0”“经互感器接入的电能表配置异常”筛查电量异常情况	现场实负荷检查电能表计量误差情况，若超过规程规定的误差限值，则判定计量失准。 现场实负荷检查二次回路接线情况，根据计量方式判定相位是否正确，否则判定存在接线错误现场检查是否存在故障，若存在则查找故障原因	稽查系统、营销系统、用电检查仪、现场校验仪、台区识别仪、钳形电流表等一系列现场核查工具	DL/T 448—2016《电能计量装置技术管理规程》
	抄表管理	“电能表入库有功指针不等于拆回有功指针”“冻结户所在线路线损率较高”“本月电量低于近 12 个月平均电量的 50%，且月电量大于 500kWh 的客户”“换表后日均电量高于换表前 30% 及以上”“换表后日均电量低于换表前 30% 及以上”“客户月电量变化趋势与所在台区线损率成反比”	现场核实抄表是否正确（结算日指针、倍率、漏抄）；现场核实供电量是否真实（故障、差错、窃电）；现场核实追补电量（包括考核、计费）是否正确	稽查系统、营销系统、用电检查仪、现场校验仪、台区识别仪、钳形电流表等一系列现场核查工具	《供电营业规则》
	匹配关系	使用稽查规则“客户未匹配到台区”“台区与线路对应关系发生变化”“台区未匹配到线路”“台区属性发生变化”“台区线损率越限”“台区供售电量异常”筛查匹配问题	现场核查用户与台区、台区与线路匹配情况，有无缺配、错配、多配的情况；现场核查多电源户的受电点（计量点）是否与线路匹配，是否未匹配或匹配错误；现场核实线路或台区的切改之后，匹配更改是否及时	稽查系统、营销系统、用电检查仪、现场校验仪、台区识别仪、钳形电流表等一系列现场核查工具	《内蒙古电力（集团）有限责任公司配网线损管理标准》

续表

核查类型		稽查系统筛查规则	现场核查要点	使用系统及仪器	检查依据
低压客户造成线损异常	窃电	使用稽查信息系统内“反窃查违”模块的功能初步筛查疑似窃电行为客户：①频繁更换电能表；②网吧宾馆等重点监控行业；③近一年内月度的最大电量与最小电量比值大于3；④非大工业客户变压器容量大电量小	现场检查：①检查表计接线是否正确，表计、接线端子盒、计量箱锁封印是否完整良好，表计状况是否良好。②使用钳形电流表测试表尾接线电流值并记录，与记录的表内电流值进行对比。③低压客户在情况允许时可进行短时断电法；④检查是否有表外用电；对于箱式变压器客户，利用两台钳形电流表在客户变压器低压出线侧和负荷接线端进行电流值对比，检查是否存在表外用电	稽查系统、营销系统、用电检查仪、现场校验仪、钳形电流表等一系列现场核查工具	《中华人民共和国电力法》《供电营业规则》

附录 B
三相三线 48 种错接线方式更正系数计算公式参考表

序号	电压正序	更正系数	转向	序号	电压逆序	更正系数	转向
1	Ⅰ：U_{ab}，I_a Ⅱ：U_{cb}，I_c	1	正转	13	Ⅰ：U_{bc}，$-I_c$ Ⅱ：U_{ac}，I_a	$\frac{\sqrt{3}}{\sqrt{3}+\tan\varphi}$	正转
2	Ⅰ：U_{ab}，I_c Ⅱ：U_{cb}，I_a	∞	停转	14	Ⅰ：U_{bc}，I_a Ⅱ：U_{ac}，$-I_c$	$\frac{2\sqrt{3}}{\sqrt{3}+\tan\varphi}$	正转
3	Ⅰ：U_{ab}，I_c Ⅱ：U_{cb}，$-I_a$	$\frac{\sqrt{3}}{2\tan\varphi}$	正转	15	Ⅰ：U_{bc}，$-I_a$ Ⅱ：U_{ac}，$-I_c$	$\frac{2}{1-\sqrt{3}\tan\varphi}$	不定
4	Ⅰ：U_{ab}，$-I_a$ Ⅱ：U_{cb}，I_c	$\frac{\sqrt{3}}{\tan\varphi}$	正转	16	Ⅰ：U_{bc}，$-I_c$ Ⅱ：U_{ac}，$-I_a$	∞	停转
5	Ⅰ：U_{ab}，$-I_c$ Ⅱ：U_{cb}，I_a	$-\frac{\sqrt{3}}{2\tan\varphi}$	反转	17	Ⅰ：U_{ca}，I_a Ⅱ：U_{ba}，I_c	$\frac{-2}{1+\sqrt{3}\tan\varphi}$	反转
6	Ⅰ：U_{ab}，$-I_c$ Ⅱ：U_{cb}，I_a	$-\frac{\sqrt{3}}{\tan\varphi}$	反转	18	Ⅰ：U_{ca}，I_c Ⅱ：U_{ba}，I_a	∞	停转
7	Ⅰ：U_{ab}，$-I_a$ Ⅱ：U_{cb}，$-I_c$	-1	反转	19	Ⅰ：U_{ca}，I_c Ⅱ：U_{ba}，$-I_a$	$\frac{\sqrt{3}}{\sqrt{3}-\tan\varphi}$	不定
8	Ⅰ：U_{ab}，$-I_c$ Ⅱ：U_{cb}，$-I_a$	∞	停转	20	Ⅰ：U_{ca}，$-I_a$ Ⅱ：U_{ba}，I_c	$\frac{2\sqrt{3}}{\sqrt{3}-\tan\varphi}$	不定
9	Ⅰ：U_{bc}，I_a Ⅱ：U_{ac}，I_c	$\frac{-2}{1-\sqrt{3}\tan\varphi}$	不定	21	Ⅰ：U_{ca}，$-I_c$ Ⅱ：U_{ba}，I_a	$\frac{-\sqrt{3}}{\sqrt{3}-\tan\varphi}$	不定
10	Ⅰ：U_{bc}，I_c Ⅱ：U_{ac}，I_a	∞	停转	22	Ⅰ：U_{ca}，I_a Ⅱ：U_{ba}，$-I_c$	$\frac{-2\sqrt{3}}{\sqrt{3}-\tan\varphi}$	不定
11	Ⅰ：U_{bc}，I_c Ⅱ：U_{ac}，$-I_a$	$\frac{-\sqrt{3}}{\sqrt{3}+\tan\varphi}$	反转	23	Ⅰ：U_{ca}，$-I_a$ Ⅱ：U_{ba}，$-I_c$	$\frac{2}{1+\sqrt{3}\tan\varphi}$	正转
12	Ⅰ：U_{bc}，$-I_a$ Ⅱ：U_{ac}，I_c	$\frac{-2\sqrt{3}}{\sqrt{3}+\tan\varphi}$	反转	24	Ⅰ：U_{ca}，$-I_c$ Ⅱ：U_{ba}，$-I_a$	∞	停转

序号	电压正序	更正系数	转向	序号	电压逆序	更正系数	转向
25	Ⅰ：U_{cb}，I_c Ⅱ：U_{ab}，I_a	1	正转	37	Ⅰ：U_{ac}，I_a Ⅱ：U_{bc}，$-I_c$	$\frac{\sqrt{3}}{\sqrt{3}+\tan\varphi}$	正转
26	Ⅰ：U_{cb}，I_a Ⅱ：U_{ab}，I_c	∞	停转	38	Ⅰ：U_{ac}，$-I_c$ Ⅱ：U_{bc}，I_a	$\frac{2\sqrt{3}}{\sqrt{3}+\tan\varphi}$	正转
27	Ⅰ：U_{cb}，$-I_a$ Ⅱ：U_{ab}，I_c	$\frac{\sqrt{3}}{2\tan\varphi}$	正转	39	Ⅰ：U_{ac}，$-I_c$ Ⅱ：U_{bc}，$-I_a$	$\frac{2}{1-\sqrt{3}\tan\varphi}$	不定
28	Ⅰ：U_{cb}，I_c Ⅱ：U_{ab}，$-I_a$	$\frac{\sqrt{3}}{\tan\varphi}$	正转	40	Ⅰ：U_{ac}，$-I_a$ Ⅱ：U_{bc}，$-I_c$	∞	停转
29	Ⅰ：U_{cb}，I_a Ⅱ：U_{ab}，$-I_c$	$-\frac{\sqrt{3}}{2\tan\varphi}$	反转	41	Ⅰ：U_{ba}，I_c Ⅱ：U_{ca}，I_a	$\frac{-2}{1+\sqrt{3}\tan\varphi}$	反转
30	Ⅰ：U_{cb}，I_a Ⅱ：U_{ab}，$-I_c$	$-\frac{\sqrt{3}}{\tan\varphi}$	反转	42	Ⅰ：U_{ba}，I_a Ⅱ：U_{ca}，I_c	∞	停转
31	Ⅰ：U_{cb}，$-I_c$ Ⅱ：U_{ab}，$-I_a$	-1	反转	43	Ⅰ：U_{ba}，$-I_a$ Ⅱ：U_{ca}，I_c	$\frac{\sqrt{3}}{\sqrt{3}-\tan\varphi}$	不定
32	Ⅰ：U_{cb}，$-I_a$ Ⅱ：U_{ab}，$-I_c$	∞	停转	44	Ⅰ：U_{ba}，I_c Ⅱ：U_{ca}，$-I_a$	$\frac{2\sqrt{3}}{\sqrt{3}-\tan\varphi}$	不定
33	Ⅰ：U_{ac}，I_c Ⅱ：U_{bc}，I_a	$\frac{-2}{1-\sqrt{3}\tan\varphi}$	不定	45	Ⅰ：U_{ba}，I_a Ⅱ：U_{ca}，$-I_c$	$\frac{-\sqrt{3}}{\sqrt{3}-\tan\varphi}$	不定
34	Ⅰ：U_{ac}，I_a Ⅱ：U_{bc}，I_c	∞	停转	46	Ⅰ：U_{ba}，$-I_c$ Ⅱ：U_{ca}，I_a	$\frac{-2\sqrt{3}}{\sqrt{3}-\tan\varphi}$	不定
35	Ⅰ：U_{ac}，$-I_a$ Ⅱ：U_{bc}，I_c	$\frac{-\sqrt{3}}{\sqrt{3}+\tan\varphi}$	反转	47	Ⅰ：U_{ba}，$-I_c$ Ⅱ：U_{ca}，$-I_a$	$\frac{2}{1+\sqrt{3}\tan\varphi}$	正转
36	Ⅰ：U_{ac}，I_c Ⅱ：U_{bc}，$-I_a$	$\frac{-2\sqrt{3}}{\sqrt{3}+\tan\varphi}$	反转	48	Ⅰ：U_{ba}，$-I_a$ Ⅱ：U_{ca}，$-I_c$	∞	停转

附录 C 三相四线错接线方式更正系数计算公式参考表

错误接线方式及装置所计量的功率 $P_{计}$			$G_x=P_{真}/P_{计}$
A 相为同相信号	B 相为同相信号	C 相为同相信号	
$\langle\dot{U}_a,\dot{I}_a\rangle\ \langle\dot{U}_b,\dot{I}_c\rangle\ \langle\dot{U}_c,\dot{I}_b\rangle$	$\langle\dot{U}_a,\dot{I}_c\rangle\ \langle\dot{U}_b,\dot{I}_b\rangle\ \langle\dot{U}_c,\dot{I}_a\rangle$	$\langle\dot{U}_a,\dot{I}_b\rangle\ \langle\dot{U}_b,\dot{I}_a\rangle\ \langle\dot{U}_c,\dot{I}_c\rangle$	$G_x\to\infty$ 停止计量
$P_{计}=U_{相}I_{相}[\cos(120°+\varphi)+\cos(120°-\varphi)+\cos\varphi]$			
$\langle\dot{U}_a,-\dot{I}_a\rangle\ \langle\dot{U}_b,\dot{I}_c\rangle\ \langle\dot{U}_c,\dot{I}_b\rangle$	$\langle\dot{U}_a,\dot{I}_c\rangle\ \langle\dot{U}_b,-\dot{I}_b\rangle\ \langle\dot{U}_c,\dot{I}_a\rangle$	$\langle\dot{U}_a,\dot{I}_b\rangle\ \langle\dot{U}_b,\dot{I}_a\rangle\ \langle\dot{U}_c,-\dot{I}_c\rangle$	$\dfrac{3}{-2}$
$P_{计}=U_{相}I_{相}[\cos(120°+\varphi)+\cos(120°-\varphi)+\cos(180°+\varphi)]$			
$\langle\dot{U}_a,\dot{I}_a\rangle\ \langle\dot{U}_b,\dot{I}_c\rangle\ \langle\dot{U}_c,-\dot{I}_b\rangle$	$\langle\dot{U}_a,-\dot{I}_c\rangle\ \langle\dot{U}_b,\dot{I}_b\rangle\ \langle\dot{U}_c,\dot{I}_a\rangle$	$\langle\dot{U}_a,\dot{I}_b\rangle\ \langle\dot{U}_b,-\dot{I}_a\rangle\ \langle\dot{U}_c,\dot{I}_c\rangle$	$\dfrac{3}{1-\sqrt{3}\tan\varphi}$
$P_{计}=U_{相}I_{相}[\cos(120°+\varphi)+\cos(60°+\varphi)+\cos\varphi]$			
$\langle\dot{U}_a,-\dot{I}_a\rangle\ \langle\dot{U}_b,\dot{I}_c\rangle\ \langle\dot{U}_c,-\dot{I}_b\rangle$	$\langle\dot{U}_a,-\dot{I}_c\rangle\ \langle\dot{U}_b,-\dot{I}_b\rangle\ \langle\dot{U}_c,\dot{I}_a\rangle$	$\langle\dot{U}_a,\dot{I}_b\rangle\ \langle\dot{U}_b,-\dot{I}_a\rangle\ \langle\dot{U}_c,-\dot{I}_c\rangle$	$\dfrac{3}{-1-\sqrt{3}\tan\varphi}$
$P_{计}=U_{相}I_{相}[\cos(120°+\varphi)+\cos(60°+\varphi)+\cos(180°+\varphi)]$			
$\langle\dot{U}_a,\dot{I}_a\rangle\ \langle\dot{U}_b,-\dot{I}_c\rangle\ \langle\dot{U}_c,\dot{I}_b\rangle$	$\langle\dot{U}_a,\dot{I}_c\rangle\ \langle\dot{U}_b,\dot{I}_b\rangle\ \langle\dot{U}_c,-\dot{I}_a\rangle$	$\langle\dot{U}_a,-\dot{I}_b\rangle\ \langle\dot{U}_b,\dot{I}_a\rangle\ \langle\dot{U}_c,\dot{I}_c\rangle$	$\dfrac{3}{1+\sqrt{3}\tan\varphi}$
$P_{计}=U_{相}I_{相}[\cos(60°-\varphi)+\cos(120°-\varphi)+\cos\varphi]$			
$\langle\dot{U}_a,-\dot{I}_a\rangle\ \langle\dot{U}_b,-\dot{I}_c\rangle\ \langle\dot{U}_c,\dot{I}_b\rangle$	$\langle\dot{U}_a,\dot{I}_c\rangle\ \langle\dot{U}_b,-\dot{I}_b\rangle\ \langle\dot{U}_c,-\dot{I}_a\rangle$	$\langle\dot{U}_a,-\dot{I}_b\rangle\ \langle\dot{U}_b,\dot{I}_a\rangle\ \langle\dot{U}_c,-\dot{I}_c\rangle$	$\dfrac{3}{-1+\sqrt{3}\tan\varphi}$
$P_{计}=U_{相}I_{相}[\cos(60°-\varphi)+\cos(120°-\varphi)+\cos(180°+\varphi)]$			
$\langle\dot{U}_a,\dot{I}_a\rangle\ \langle\dot{U}_b,-\dot{I}_c\rangle\ \langle\dot{U}_c,-\dot{I}_b\rangle$	$\langle\dot{U}_a,-\dot{I}_c\rangle\ \langle\dot{U}_b,\dot{I}_b\rangle\ \langle\dot{U}_c,-\dot{I}_a\rangle$	$\langle\dot{U}_a,-\dot{I}_b\rangle\ \langle\dot{U}_b,-\dot{I}_a\rangle\ \langle\dot{U}_c,\dot{I}_c\rangle$	$\dfrac{3}{2}$
$P_{计}=U_{相}I_{相}[\cos(60°-\varphi)+\cos(60°+\varphi)+\cos\varphi]$			
$\langle\dot{U}_a,-\dot{I}_a\rangle\ \langle\dot{U}_b,-\dot{I}_c\rangle\ \langle\dot{U}_c,-\dot{I}_b\rangle$	$\langle\dot{U}_a,-\dot{I}_c\rangle\ \langle\dot{U}_b,-\dot{I}_b\rangle\ \langle\dot{U}_c,-\dot{I}_a\rangle$	$\langle\dot{U}_a,-\dot{I}_b\rangle\ \langle\dot{U}_b,-\dot{I}_a\rangle\ \langle\dot{U}_c,-\dot{I}_c\rangle$	$G_x\to\infty$ 停止计量
$P_{计}=U_{相}I_{相}[\cos(60°-\varphi)+\cos(60°+\varphi)+\cos(180°+\varphi)]$			

每组电压与超前相电流配合时的更正系数

错误接线方式及装置所计量的功率 $P_{计}$	$G_x=P_{真}/P_{计}$
$\begin{cases}\dot{U}_a\\ \dot{I}_c\end{cases}$ $\begin{cases}\dot{U}_b\\ \dot{I}_a\end{cases}$ $\begin{cases}\dot{U}_c\\ \dot{I}_b\end{cases}$	$\dfrac{2}{-1+\sqrt{3}\tan\varphi}$
$P_{计}=U_{相}I_{相}[3\cos(120°-\varphi)]$	
$\begin{cases}\dot{U}_a\\ \dot{I}_c\end{cases}$ $\begin{cases}\dot{U}_b\\ \dot{I}_a\end{cases}$ $\begin{cases}\dot{U}_c\\ -\dot{I}_b\end{cases}$　$\begin{cases}\dot{U}_a\\ \dot{I}_c\end{cases}$ $\begin{cases}\dot{U}_b\\ -\dot{I}_a\end{cases}$ $\begin{cases}\dot{U}_c\\ \dot{I}_b\end{cases}$　$\begin{cases}\dot{U}_a\\ -\dot{I}_c\end{cases}$ $\begin{cases}\dot{U}_b\\ \dot{I}_a\end{cases}$ $\begin{cases}\dot{U}_c\\ \dot{I}_b\end{cases}$	$\dfrac{6}{-1+\sqrt{3}\tan\varphi}$
$P_{计}=U_{相}I_{相}[2\cos(120°-\varphi)+\cos(60°+\varphi)]$	
$\begin{cases}\dot{U}_a\\ \dot{I}_c\end{cases}$ $\begin{cases}\dot{U}_b\\ -\dot{I}_a\end{cases}$ $\begin{cases}\dot{U}_c\\ -\dot{I}_b\end{cases}$　$\begin{cases}\dot{U}_a\\ -\dot{I}_c\end{cases}$ $\begin{cases}\dot{U}_b\\ \dot{I}_a\end{cases}$ $\begin{cases}\dot{U}_c\\ -\dot{I}_b\end{cases}$　$\begin{cases}\dot{U}_a\\ -\dot{I}_c\end{cases}$ $\begin{cases}\dot{U}_b\\ -\dot{I}_a\end{cases}$ $\begin{cases}\dot{U}_c\\ \dot{I}_b\end{cases}$	$\dfrac{6}{1-\sqrt{3}\tan\varphi}$
$P_{计}=U_{相}I_{相}[2\cos(60°+\varphi)+\cos(120°-\varphi)]$	
$\begin{cases}\dot{U}_a\\ -\dot{I}_c\end{cases}$ $\begin{cases}\dot{U}_b\\ -\dot{I}_a\end{cases}$ $\begin{cases}\dot{U}_c\\ -\dot{I}_b\end{cases}$	$\dfrac{2}{1-\sqrt{3}\tan\varphi}$
$P_{计}=U_{相}I_{相}[3\cos(60°+\varphi)]$